AF356394

Les produits à l'acide phénique du docteur Déclat sont préparés et se trouvent chez M. Guénon, 2, rue de la Coutellerie, à Paris.

DE LA CURATION

DU CHARBON, DE LA COCOTTE

ET DES PRINCIPALES MALADIES QUI SÉVISSENT

SUR

LES BŒUFS, LES MOUTONS, LES CHEVAUX ET LES COCHONS

PAR LA MÉTHODE PHÉNIQUÉE

DE LA CURATION

DU CHARBON, DE LA COCOTTE

ET DES PRINCIPALES MALADIES QUI SÉVISSENT

SUR

LES BŒUFS, LES MOUTONS, LES CHEVAUX ET LES COCHONS

Pustule maligne, Charbon, Sang de rate,
Péripneumonie, Pourriture, Peste bovine, Morve, Fièvre typhoïde,
Clavelée, Piétin, Eaux aux jambes, Mal de Garrot, etc.

A L'AIDE DE LA NOUVELLE MÉDICATION A L'ACIDE PHÉNIQUE

PAR

Le Docteur DÉCLAT

2e ÉDITION

Prix : 2 francs

PARIS

CHEZ LEMERRE, LIBRAIRE-ÉDITEUR

27, PASSAGE CHOISEUL, 29

1872

Les produits à l'acide phénique du docteur
Déclat sont préparés et se trouvent chez M. Guénon, 2, rue de la Coutellerie, à Paris.

———

[Extrait de l'ouvrage sur les nouvelles applications médicales de l'acide
phénique — un vol. gr. in-18 — Paris, chez Lemerre, libraire-éditeur,
passage Choiseul, et chez Delahaye, place de l'École-de-Médecine. — Voir
à la fin de cet extrait la table des sujets traités dans cet ouvrage.]

AVERTISSEMENT.

De toutes les maladies dont nous avons étudié la curation dans le présent opuscule, le charbon est la plus importante ; c'est aussi, fort heureusement, une de celles dont la curation est presque certaine, dans les cas même les plus graves où la médication nouvelle que nous avons fait connaître sera administrée à temps. Comment sommes-nous arrivé à découvrir et à appliquer cette méthode curative ? Nous tenons d'autant plus à le dire, en quelques mots, que cette méthode, telle que nous l'employons depuis déjà assez longtemps, a été conçue en vue du traitement du choléra, et que nous avons aujourd'hui la quasi-certitude que nous obtiendrons contre cette dernière maladie les mêmes résultats que contre le charbon.

Les succès les plus remarquables que nous ayons obtenus par notre nouvelle méthode sont surtout des succès contre les maladies cancéreuses (1). Succès trop rares encore, mais certainement plus nombreux que par aucune autre méthode. Nous n'avons pas traité longtemps ces maladies, classées à juste titre parmi les incurables par tous les médecins, sans nous apercevoir que la principale raison de leur incura-

(1) Voir notre livre sur la *Curation des maladies organiques de la langue*, un vol. grand in-8°, chez Delahaye, libraire, place de l'École-de-Médecine.

bilité résidait dans la très-grande difficulté, sinon dans
l'impossibilité, de faire arriver jusque dans leur tissu les médicaments parasiticides qui devaient détruire les germes ou
ferments producteurs des cancers. Je résolus, en conséquence, d'introduire dans les productions cancéreuses les
substances curatives, à l'aide d'injections sous-cutanées,
mode d'administration qui doit opérer une véritable et heureuse révolution dans la thérapeutique. J'obtins donc des
succès signalés dans le traitement des cancers. Mais là ne
pouvait se borner mon ambition, car ces succès m'ou-
vraient un nouvel horizon.

Si, dans les maladies à ferments, à marche aiguë, et qui
n'ont point déterminé dans l'économie des produits organiques ayant pour ainsi dire une vie à part, il est facile de
faire pénétrer dans tous les points de l'organisme — et, par
conséquent, dans les points malades — les substances curatives administrées par les voies ordinaires, il n'en est pas
de même dans les maladies fermentatives à marche très-ra-
pide, presque foudroyante. Quand les fonctions d'absorption
ne sont pas abolies dans ces maladies, ce qui arrive par
exemple dans le choléra, elles sont toujours rendues plus ou
moins difficiles, et il est impossible, alors, en administrant
les médicaments par la voie ordinaire, d'agir avec la promp-
titude et l'énergie nécessaires pour combattre avec succès la
maladie. Il est donc nécessaire, dans ces cas, d'avoir recours à la méthode sous-cutanée, qui non-seulement fait pénétrer promptement les substances curatives dans le sang,
mais qui, de plus, ne les soumettant pas à l'action de l'estomac, leur conserve toute leur énergie. Toutefois, cette énergie même devait imposer une grande prudence, et c'est pour
ne procéder sur l'homme qu'avec une sécurité complète que
je cherchai les occasions de traiter, d'abord, des animaux

atteints de maladies fermentatives analogues ou même iden-
tiques à celles qui atteignent l'espèce humaine.

Je dois le dire toutefois, quand je partis, le 1er juillet 1869,
pour les montagnes d'Auvergne afin de traiter le mal de montagne ou charbon, je ne conservais guère d'incertitude sur
le succès de mes expérimentations. La médication que j'allais
appliquer n'était point, en effet, un produit du hasard, que
j'aurais puisé, les yeux bandés, dans l'immense arsenal de
la thérapeutique. Outre les succès obtenus déjà dans le traitement des maladies organiques et même dans quelques autres, la nouvelle médication était fondée sur un ensemble de
faits et une suite de déductions logiques qui étaient pour
moi presque équivalentes à une démonstration expérimentale. Confiant dans la solidité de ma théorie, je n'hésitai
pas, avant de partir pour traiter les animaux des montagnes
de l'Auvergne, à prédire, dans un paquet cacheté déposé à
l'Académie, les résultats que j'obtiendrais, de même qu'a-
près mes expériences en Beauce je prédis ultérieurement,
dans un second paquet cacheté, ceux que j'obtiendrais dans
le sang de rate et le choléra. Le sang de rate, en effet, est
bien le charbon ; mais, soit différence dans l'énergie du ferment — c'est-à-dire du parasite — soit nature plus favorable du terrain (ce qui est plus probable), le sang de rate du
mouton affecte une marche bien plus rapide que le charbon
de l'espèce bovine, de même que le charbon de celle-ci
affecte une marche plus rapide et offre une gravité plus
grande que le charbon de l'espèce chevaline. Il fallait donc un
moyen encore plus énergique que l'acide phénique, même injecté sous la peau, pour guérir le sang de rate et le choléra :
ce moyen je l'ai trouvé, et, ayant guéri le sang de rate, je n'ai
pas hésité à prédire, dans le second paquet cacheté déposé
à l'Académie des sciences, que je guérirais le choléra et com-

ment je le guérirais. Cette prédiction, je la fais ici de nouveau, et, en la répétant, je dois répondre à la question, presque au reproche qu'on m'a fait de ne pas communiquer mon moyen aux médecins des contrées où règne le choléra, qui pourraient l'appliquer au grand bénéfice de leurs malades. Je répondrai à cette question ou à ce reproche avec la plus entière franchise.

Je n'hésite pas à déclarer, d'abord, que pour des motifs plus ou moins explicables, mais qu'il n'y a nulle nécessité de rechercher ici, mes confrères -la partie officielle d'entre eux tout au moins—nourrissent contre moi des sentiments de malveillance dont ils ne manquent aucune occasion de donner des preuves. Livrer à des esprits ainsi disposés l'expérimentation d'une méthode nouvelle, c'est s'exposer ou à compromettre la méthode ou à compromettre mes droits. Je ne veux ni l'un ni l'autre.

Il y a, à l'Académie des sciences, un grand prix fondé pour celui qui parviendra à guérir le choléra ; je déclare très-nettement que je n'ai qu'une confiance très-limitée dans les sentiments de justice de la plupart des médecins officiels qui seront probablement chargés de le décerner.

J'ai, en effet, entendu dans la séance du 2 octobre 1871, alors que je venais lire à l'Institut une note officielle, rédigée pendant le siége par M. le Directeur de l'abattoir de Grenelle et signée par le Directeur général du ministère de l'Agriculture, j'ai entendu M. Würtz, doyen de l'École de médecine, crier de sa place et avant d'entendre l'objet de ma lecture : « C'EST DE LA BLAGUE. » Or, il s'agissait, et personne ne m'a démenti, de « plus de cinquante cas de guérisons » de boutons charbonneux, ou paraissant tels, sur les garçons de l'abattoir où l'on *travaillait* « les animaux de sang échauffé, » et de sept cas de pustule maligne ou charbon, sur d'autres

garçons ayant déjà des symptômes graves et avancés ; il s'a-
gissait aussi de deux malheureux bouchers porteurs de ces
mêmes boutons, puisés aux mêmes sources et au même animal charbonneux, soignés par la méthode officielle du feu,
et morts à l'hôpital Necker (1).

Si je divulgue d'avance ma méthode et mon médicament,
les Würtz de l'Académie pourront trouver ou qu'elle ne vaut
rien ou qu'on l'avait appliquée avant moi, et, grâce à la
confusion qu'ils pourront jeter dans les esprits, la vérité
pourra rester douteuse pour le public, ce que je veux éviter.
Quand, au contraire, il sera bien établi, que par les injections sous-cutanées et par la boisson de l'acide phénique et
de ma nouvelle substance, je guéris tous ou presque tous les
cholériques, et que messieurs de l'Académie n'en guérissent
que le tiers ou la moitié, ou tout au plus les deux tiers, suivant la période de l'épidémie, la vérité frappera tous les
yeux; et le public, qui ne pourra avoir d'autre intérêt que
celui de la vérité, la reconnaîtra hautement, si des passions
aussi aveugles que mauvaises empêchent des confrères malveillants de l'accueillir. A défaut du jugement de l'Académie,
je me trouverai, alors, suffisamment récompensé par le jugement de tous.

(1) Nous laisserons le public décider s'il n'eût pas été plus digne de
l'Académie et plus respectueux pour la position qu'occupe M. Würtz,
— puisqu'il juge convenable de ne pas se respecter lui-même, — de
prouver que ma découverte est une blague et que ce n'est pas lui qui
est un blagueur. La question en valait la peine, et n'eût été ni au-
dessous ni en dehors des attributions d'un doyen de la Faculté de médecine. Certes, nous n'avons pas la prétention de comparer, au point de
vue scientifique, nos découvertes à celles de M. Würtz, dont l'inqualifia-
ble prévention ne nous empêche pas de reconnaître le mérite. Mais, au
point de vue humanitaire, nous ne sachons pas que les découvertes
du courtois académicien aient encore sauvé la vie à personne, tandis que
nous avons la certitude que les nôtres l'ont déjà sauvée à beaucoup de
monde.   a.

Cela bien expliqué, je reviens à l'objet de cet opuscule.

Les faits et les déductions qui servent de base à la médication nouvelle que j'ai appliquée, le premier, à la curation d'un grand nombre de maladies de l'homme et des animaux, sont exposés dans un livre qui paraîtra dans quelques semaines. Mais, en raison des développements nécessaires à la démonstration de la vérité historique et de la doctrine, ce livre a nécessairement dû prendre un volume assez considérable. J'ai craint que le prix (6 fr., rendu par la poste), conséquence nécessaire du volume, ne fût un obstacle à la propagation d'une découverte qui peut avoir une grande influence sur la conservation du bétail, et qui, à ce titre seul, pour ne rien dire des autres, intéresse à un si haut point les agriculteurs et les vétérinaires. J'ai donc fait un tirage à part des articles du livre où cette découverte est appliquée à la curation des principales maladies du bétail (et à la pustule maligne de l'homme).

Je me permets d'autant plus de recommander aux agronomes et aux vétérinaires la médication que j'ai introduite dans la thérapeutique, que l'application en est des plus faciles et à la portée de toute personne douée de quelque intelligence. Cette méthode consiste dans l'administration de breuvages phéniqués et dans l'injection, à l'aide d'une petite seringue spéciale, de solutions de même nature sous la peau des animaux. Quant aux solutions, les agriculteurs qui ne voudraient pas les préparer eux-mêmes ou qui craindraient de ne pas pouvoir se procurer facilement de l'acide phénique pur, indispensable à leur préparation, ce qui, en effet, n'est pas très-facile, les trouveront toutes faites chez M. Guénon, pharmacien, 2, rue de la Coutellerie, à Paris. Cette méthode d'introduction de l'acide phénique sous la peau, que nous avons le premier, et peut-être même le seul encore, appliquée à la curation des maladies de l'homme et des animaux, n'est pas seulement une méthode facile, c'est une méthode puissante qui paraît appelée à opérer une véritable révolution dans la thérapeutique. Nous tenons essentiellement à constater que ce grand progrès nous est dû ; car il semble exister parmi un grand nombre de médecins, et même parmi un certain nombre de vétérinaires, comme un concert tacite, pour nous dépouiller du fruit trois fois légitime de nos travaux, les uns, en passant ces travaux sous silence, les autres, en cherchant effrontément à s'en emparer. Nous signalons ces forbans au mépris de tous les hommes de loyauté.

Nos lecteurs s'apercevront que les pages de cet opuscule ne commencent pas par le chiffre un, et ne se suivent même pas dans le cours de la brochure. Ils devineront, sans peine, que, pour ne pas augmenter le prix du tirage, nous avons laissé les chiffres des pages tels qu'ils sont dans l'ouvrage dont les articles sont extraits. La table qui se trouve à la fin de l'opuscule remédiera au petit inconvénient d'une pagination irrégulière.

Paris, 25 septembre 1872.

AVIS

Cinq articles restaient encore à composer pour terminer cet opuscule, quand nous avons appris que le *Charbon* et la *Cocotte* ou fièvre aphtheuse régnaient avec intensité dans plusieurs contrées de la France. Nous n'avons pas voulu, dès lors, retarder une publication qui pouvait rendre un grand service à nos populations rurales ; nous avons donc fait une première édition sans les articles consacrés à la *Cachexie* ou pourriture, à la *Fièvre typhoïde* du cheval ou peste chevaline, au *Crapaud* ou *Piétin*, à la maladie des *Eaux aux jambes* et au *Mal de garrot* : il paraît que nous avons fait sagement, car déjà nous avons appris que dans l'Aveyron, dans le Cher et dans la Nièvre, on avait appliqué de suite, et avec un très-grand avantage, notre traitement à l'acide phénique. Cette première édition, du reste, a été épuisée en si peu de temps que nous n'avons rien pu ajouter à celle-ci, si ce n'est qu'elle contient les articles qui manquaient dans la première.

DEUXIÈME SECTION.

MALADIES DONT LE PARASITISME EST TRÈS-PROBABLE OU EN PARTIE DÉMONTRÉ.

Ire SOUS-SECTION. — Maladies évidemment contagieuses, infectieuses ou non, endémiques ou endémo-épidémiques.

C'est par un sentiment de réserve extrême, et que des gens plus royalistes que le roi —(qui ne peuvent manquer de se montrer bientôt, aussitôt que la doctrine parasitaire sera en crédit — trouveront probablement exagéré, que nous considérons comme encore douteux, ou insuffisamment démontré, le parasitisme des maladies que nous allons passer en revue dans cette sous-section. Pour le charbon, en particulier, le parasitisme n'est guère moins bien démontré que pour la gale ; la clavelée, le croup, la péripneumonie épizootique, le typhus, sont à peu de chose près dans le même cas. Mais comme notre réserve ne peut nuire en rien à l'avenir de la doctrine parasitaire, nous avons voulu laisser aux investigateurs à venir le plaisir de démontrer matériellement ce que l'analogie et les faits, rigoureusement interprétés, établissent déjà logiquement. Le succès des recherches de M. Davaine sur le charbon est bien fait pour encourager ceux qui voudraient marcher sur ses traces.

ART. 1. — DE LA MALADIE CHARBONNEUSE.

[Charbon. — Sang de rate. — Pustule maligne, etc.]

Cet article sera un peu long ; et pourtant je le commence avec le regret de ne pouvoir lui donner toute l'extension qu'il mérite, limité que je suis par le plan de mon ouvrage. Les maladies charbonneuses ne sont pas, il est vrai, de première importance dans la pathologie humaine ; mais elles sont d'un tel intérêt pour la fortune agricole et l'alimentation publique, qu'à ce seul point de vue, elles mériteraient déjà toute l'attention des hommes compétents. Il faut reconnaître que, depuis plus de dix ans, la sollicitude des hommes de science, médecins, vétérinaires ou agriculteurs, ne leur a point fait défaut, et que l'administration elle-même n'est pas restée tout à fait étrangère au mouvement scientifique dont elles ont été l'objet ; mais les travaux auxquels ce mouvement a donné lieu n'ont fait, en très-grande partie, que soulever des questions oiseuses des discussions stériles et souvent confuses ou même inintelligibles. Les véritables termes des problèmes à résoudre n'ont même pas été posés avec netteté, et quant au but ultime de toute étude médicale, la curation de la maladie ou son empêchement par des précautions hygiéniques, sa prophylaxie, ce but non-seulement n'a pas été atteint, mais quelques-uns des auteurs qui ont écrit sur la question, le déclarent même, implicitement sinon tout à fait formellement, impossible à atteindre. Si telle était ma pensée, je n'irais pas plus loin, car les théories et les dissertations médicales ne sauraient avoir assez d'intérêt par elles-mêmes pour occuper un homme sérieux, lorsqu'il est convaincu qu'elles n'ont aucune chance de conduire à un résultat humanitaire; et ce qui m'étonne, c'est que des médecins ou des vétérinaires, imbus de ces idées désespérantes, se soient donné tant de peine pour écrire de longues élucubrations, dont l'inutilité humanitaire n'est nullement rachetée par le mérite littéraire. Quant à nous, loin de désespérer des progrès que l'avenir nous réserve relativement à la prophylaxie et à la thérapeutique des maladies charbonneuses, nous avons au contraire la conviction, nous dirions volontiers la certitude :

1o Que la prophylaxie de ces maladies sera établie sur des bases certaines, à une époque qui n'est peut-être pas très-éloignée, et que leur développement sera le plus souvent, sinon toujours, prévenu ;

2o Qu'à défaut de prophylaxie, un traitement efficace guérira le mal qu'on n'aura pu empêcher. J'ose même me flatter que le dernier de ces deux buts est en grande partie, sinon complétement, atteint par la méthode que je ferai connaître dans un instant, aussi bien chez les animaux domestiques que chez l'homme. Ce n'est donc point aux médecins seulement que je me permettrai de recommander cet article, c'est aussi aux vétérinaires de progrès et à tous les agriculteurs intelligents, dont le nombre, fort heureusement, augmente chaque jour en France et à l'étranger. Nous ne croyons pas nous avancer trop en leur promettant que l'application en temps opportun, c'est-à-dire aussitôt que les premiers symptômes de la maladie seront constatés, de la médication que nous allons décrire, soustraira leur bétail à la mort, et que les précautions que nous leur indiquerons le préservera des atteintes du mal.

Ne pouvant, ainsi que nous l'avons dit, faire l'étude des maladies charbonneuses dans tous ses détails, nous nous restreindrons aux points qui ont un lien étroit avec l'objet particulier de ce travail, c'est-à-dire l'étiologie, le diagnostic et le traitement ; encore ne dirons-nous des deux premières questions que ce qui est absolument indispensable pour démontrer, autant que le permet l'état actuel de la science, la vérité de la doctrine parasitaire et l'efficacité de la médication phéniquée.

La clarté gagnera, ce nous semble, à ce que les divers points que nous étudierons soient examinés séparément sur les divers animaux, d'autant plus que chacun d'eux ne doit pas être traité avec le même développement dans toutes les espèces. Nous étudierons donc successivement le charbon chez l'homme, chez le bœuf, chez le mouton, et chez le cheval.

§ I. — *Du charbon chez l'homme ou de la pustule maligne.*

a. — *Étiologie.* —Si l'étiologie du charbon chez les animaux soulève des questions nombreuses, difficiles, compliquées, il n'en est pas de même chez l'homme. Les expériences aussi nombreuses que concluantes qui ont établi l'identité du charbon des bêtes à cornes et de la pustule maligne de l'homme ne laissent plus aujourd'hui de doute dans l'esprit de personne; cette identité est une vérité des mieux établies de la médecine. Les seules questions relatives à l'étiologie de la pustule maligne sont les suivantes: 1º La pustule maligne peut-elle se développer spontanément chez l'homme, comme le charbon chez les animaux? 2º Est-elle toujours, au contraire, le résultat de la contagion? 3º Comment s'opère cette contagion?

La première de ces questions passait depuis assez longtemps pour être définitivement résolue, lorsque le Dr Gallard, aidé d'un collaborateur, eut l'idée lumineuse de soutenir que la pustule maligne, qu'on croyait être toujours le résultat de la contagion, se développait aussi spontanément; la thèse n'était pas mauvaise à soutenir au point de vue de *l'effet*, les contre-vérités ayant toujours l'avantage d'exciter l'attention publique. Les deux auteurs présentèrent hardiment leur travail à l'Académie, et ils y trouvèrent même un rapporteur, qui adopta d'abord leur thèse, mais qui l'abandonna avec une agilité qu'on n'aurait pu attendre de sa grosse contexture, dès qu'il se vit un peu vivement pressé par une argumentation de quelques collègues de bon sens. M. Gosselin — car le rapporteur complaisant n'était autre que lui — se tira prestement, non sans quelque avantage, du mauvais pas où il avait cru pouvoir se jeter, en prétendant que ce n'était pas tant la pustule maligne vraie dont il avait voulu soutenir la spontanéité que la pustule maligne fausse. Cette évolution facétieuse ne fut pas mal accueillie, tant les académiciens ont parfois d'indulgence entre eux, surtout quand le prestidigitateur est professeur ; la pustule maligne resta donc, comme auparavant, une maladie constamment due à la contagion. Ce n'est pas que tous les arguments opposés à la première opinion de M. Gosselin fussent absolument péremptoires ; il en est même qui prouvent à quels singuliers exercices de logique médicale peuvent se livrer des académiciens médicaux. M. Chauffard, par exemple, que nous retrouverons ailleurs, déclara tout net à son collègue Gosselin « qu'il n'est pas possible que la pustule maligne soit spontanée, puisque » — admirez le *puisque* — « les récentes recherches de M. Davaine l'ont rangée parmi les maladies parasitaires. » (*Médecine contemporaine*, 1er mai 1868, p. 140.) C'est devant ce puissant argument que le collègue Gosselin fit cette évolution rapide, par laquelle il déclara « que ce n'était pas la pustule maligne vraie qui se développait spontanément, mais bien une pustule maligne fausse — découverte par M. Gallard — et dans laquelle on ne trouverait *probablement* pas de bactéridies. » Ce qu'il y a de faux dans tout cela, c'est la découverte de M. Gallard et les convictions de M. Gosselin ; ce qu'il y a de vrai, c'est que ledit professeur Gosselin et son collègue Chauffard n'ont pas une vision bien nette du sens du mot spontané, et que l'un et l'autre se rangent sous le drapeau de la doctrine parasitaire... jusqu'à ce qu'une bonne occasion se présente d'en arborer un autre. Nous nous sommes assez expliqué, dans notre introduction, sur la spontanéité des maladies pour n'avoir pas besoin d'y revenir ici : nous dirons donc que la pustule maligne n'est pas spontanée, non pas parce qu'elle est parasitaire, mais parce qu'aucun fait, rigoureusement observé, n'a démontré jusqu'à présent qu'elle se soit jamais développée en dehors d'un contact virulent parfaitement établi ou infiniment probable. C'est donc là purement et simplement une question de fait, non une question de principe : comme les vrais chrétiens,

20.

les Gallard, les Gosselin et autres spontanéistes, officiels ou quasi-officiels, mangent probablement des beaftcaks cuits, car nous ne croyons pas qu'ils soient de mœurs sanguinaires, les bactéridies qu'ils peuvent avaler sont donc cuites, c'est-à-dire mortes et dès lors incapables de nuire; mais il est très-probable que si ces honnêtes soutiens officiels de la doctrine professionnelle, scientifique et morale, mangeaient du bœuf cru et, mieux encore, la ration de foin ou autre fourrage suffisamment parasité à laquelle ils auraient droit, ils verraient le charbon se développer chez eux tout comme chez le premier cornifère ou le premier solipède venu. Je m'empresse d'ajouter que les hommes d'esprit ne seraient pas moins exposés à ces accidents que les Gallard et les Gosselin, l'esprit n'étant pour rien dans cette affaire.

Entre MM. Gosselin et Chauffard (1) d'une part, et M. Broca de l'autre, il y a quelque distance. Pourtant M. Broca n'est pas absolument impeccable. Pour défendre la doctrine vraie de contagiosité de la pustule maligne, M. Broca disait dans cette même discussion, où le lourd M. Gosselin montra une agilité d'écureuil, qu' « un des arguments les plus convaincants » — que la pustule maligne est contagieuse — « c'est qu'à Paris, *où il n'y a pas de taons*, on n'observe ces pustules que chez des individus qui touchent à des peaux d'animaux. » (*Mouvem. médic.*, 25 avril 1868.)

Cette phrase bien courte « *où il n'y a pas de taons*, » ne renferme pas moins de trois erreurs :

La première, c'est qu'il y a des taons à Paris, assez pour qu'il soit très-étonnant que M. Broca n'y en ait jamais vu;

La seconde, c'est que les mouches non armées propagent parfaitement la pustule maligne, contrairement à ce que la phrase dit implicitement;

(1) Il semble qu'un coup de vent avait déjà emporté les opinions de M. Chauffard, deux ans plus tard, car il faisait alors observer à M. Davaine que « M. Béchamp avait apporté, à l'appui de ses idées, un certain nombre de preuves qui tendent à infirmer la théorie parasitaire soutenue par M. Davaine. » (*Journ. des Conn. médic. et de pharmacologie*, 30 mai 1870.) On voit que les convictions de M. Chauffard ne seraient guère moins propres que celles de M. Gosselin à marquer la direction du vent. Mais on peut dire, en faveur de M. Chauffard, qu'il ne comprend guère plus la théorie de M. Davaine, si théorie il y a, que la valeur des preuves de M. Béchamp.

La troisième, enfin, c'est que ce sont précisément les mouches armées, comme les taons, qui ne propagent pas la maladie. Ce fait a été démontré surtout par M. le Dr Raimbert, de Châteaudun, et il est conforme à ce que la logique permettait de prévenir. Que font les mouches inermes ? elles se promènent sur les plaies des animaux charbonneux, sur les cadavres et sur les dépouilles de ceux qui sont morts du charbon ; elles imprègnent du sang, des sécrétions, des liquides, en général, des animaux ou de leurs débris, leurs pattes, leurs ailes, peut-être leurs suçoirs ; et elles vont déposer ensuite leurs souillures sur les surfaces parfois dénudées ou insuffisamment défendues par un épiderme altéré, où ces souillures virulentes sont parfois absorbées.

Que font, au contraire, les mouches armées ? elles se nourrissent de sang, et de sang exclusivement. Elles pompent ce sang, non pas à la surface des plaies, mais dans le tissu cellulaire sous-cutané, sous la peau qu'elles traversent en grande partie ou même de part en part. Sucent-elles indifféremment du sang sain et du sang morbide, du sang charbonneux en particulier ? C'est peu probable. Les mouches armées nous paraissent être aux mouches inermes ce que les lions, les tigres et les chats sont à l'hyène et aux chiens, ce que les aigles sont aux corbeaux : les uns aiment la viande saine et fraîche ; les autres aiment la charogne. A supposer même que les mouches armées trempassent leur aiguillon dans le sang d'un animal charbonneux, il est peu probable que le soin extrême que prennent de leurs armes tous les carnivores, l'état de propreté parfaite dans lequel ils les maintiennent, permette à la moindre molécule de sang de rester sur la trompe. Quant au sang lui-même, qui sert à la nourriture de l'animal, il est évident qu'il est transformé presque aussitôt que pompé, en sorte qu'il est fort difficile de comprendre comment un esprit aussi sérieux que M. Broca a pu supposer que la mouche armée pouvait aller insinuer sous la peau d'un animal le sang qu'elle venait de pomper sous la peau d'un autre. Enfin, ajoutons, en ce qui concerne l'homme, puisqu'il s'agit ici de lui spécialement, que rien n'est plus rare que de le voir piqué par des mouches armées, d'abord parce qu'elles se posent rarement sur lui, et parce qu'il les y souffre peu, quand elles tentent de s'y poser. Ainsi les faits observés, surtout par M. Raimbert, aussi bien que les considérations de physiologie générale les plus rationnelles, concourent à prouver que ce n'est pas par les mouches armées, mais bien par les mouches inermes que s'opère le transport du virus charbonneux de l'homme sur les animaux.

Un autre moyen de transport s'opère par les débris divers, peaux, os, cornes, etc., des animaux morts du charbon. Ce mode de transport est assez connu, assez généralement admis, pour qu'il suffise de le rappeler sans y insister davantage.

Le transport peut-il s'opérer à distance, par l'intermédiaire de l'air ambiant; ou, suivant la formule dont on se sert habituellement, le virus est-il volatil? Pour le moment, nous répondons simplement non, réservant l'exposé des motifs de notre réponse pour le paragraphe consacré au charbon des animaux, où cet exposé sera plus à sa place. En résumé :

1o La pustule maligne ne se développe jamais spontanément, nous n'avons pas besoin d'ajouter chez l'homme, puisque la pustule maligne désigne précisément le charbon de l'homme ;

2o Elle est toujours le résultat de l'inoculation, soit par le contact des animaux charbonneux ou des débris de leurs cadavres, soit par le contact des mouches imprégnées, *intus* ou *extra*, de molécules appartenant à des animaux charbonneux, morts ou vivants ;

3o Les mouches qui servent au transport de ces molécules morbigènes sont, d'une manière à peu près certaine, les mouches ordinaires, exclusivement; du moins aucun fait précis n'a-t-il prouvé jusqu'à présent que les mouches armées aient inoculé le virus charbonneux ou même aucun autre ferment.

Nous pourrions dire, dès à présent, que la pustule maligne est une maladie parasitaire; mais la démonstration de ce fait viendra plus naturellement dans le paragraphe relatif au charbon des animaux. Nous passerons donc sans plus tarder à la question du diagnostic.

b. — Diagnostic. — La confusion qui régnait naguère dans l'histoire des maladies charbonneuses n'a pas été entièrement dissipée par les expériences récentes dont elles ont été l'objet, notamment de la part de la laborieuse Société médicale d'Eure-et-Loir (1), ni même par la découverte des parasites auxquels paraissent être dues ces maladies. Dans cette confusion, le diagnostic a nécessairement sa part, et les médecins, aussi bien que les vétérinaires, en ont profité, dans deux intérêts complétement opposés : les uns pour préconiser des traitements

(1) Une petite leçon de moralité scientifique, en passant, à propos des travaux de cette honorable société. Il est vrai que celui qui va en être l'objet est mort, et que ma voix n'est pas assez puissante pour se faire entendre de lui à la distance où nous sommes ; mais la Société d'Eure-et-Loir la lui avait donnée de son vivant et il l'a emportée sans mot dire en paradis, où il est allé tout droit... à ce que prétendent les amis qui l'ont enterré. Voici la note publiée par MM. Maunoury et Salmon dans leur mémoire *sur l'inoculation de la pustule maligne et de son traitement par les feuilles de noyer*. (*Gazette médic. de Paris*, 185*i*).

« Il serait difficile de croire que dans une question de priorité aussi claire que celle-ci, certaines personnes aient pu s'attribuer les importantes recherches dont il s'agit. Nous contestons la valeur de ces prétentions de la manière la plus formelle. 1° Les expériences de l'association datent des premiers jours d'août 1850; 2° les expériences de M. Garreau (ses notes le déclarent d'une manière précise) ont été commencées seulement au milieu de ce mois d'août, *après l'envoi d'une lettre* de l'un de nous à M. Poulain de Châteauneuf. Mais il ne s'agit pas de M. Garreau. Nous voulons parler de M. Renault. On lit dans les annales de la science vétérinaire : 1° « Dans ces dernières années, les maladies de sang, qui sont si communes dans la Beauce, ont été étudiées avec le plus grand soin par les vétérinaires de cette contrée, notamment par M. Garreau, de Châteauneuf, *par M. Renault d'une manière expérimentale à la clinique de l'école, et* PLUS TARD *par la Société médicale d'Eure-et-Loir.*» (*Recueil de méd. vétér.*, 1857, p. 317, article signé : *Reynal*.) — 2° « Entre autres résultats de *mes* expériences » sur le virus charbonneux, J'AI *fait connaître* celle-ci, à savoir : que toujours le » sang provenant d'animaux récemment morts du sang de rate, soit en Beauce, » soit en Brie, soit ailleurs, était virulent et que son inoculation à d'autres animaux » était fatalement mortelle, et c'est précisément à M. Delafond lui-même que » J'AI *fait connaître* ces résultats. » (*Recueil de méd. vétérin.*, 1857, p. 638; article signé : *Renault*). Qu'en pense M. Delafond? Était-ce avant ou après les expériences de l'association médicale? Nous affirmons que c'était après ces expériences. » (MAUNOURY et SALMON, *Gaz. méd.*, Paris, 1857.)

Nul ne doute de l'affirmation des deux honorables membres de la Société d'Eure-et-Loir, pas même, certainement, M. Raynal, signataire du premier article incriminé, et qui, *aujourd'hui*, avouerait probablement sans difficulté son erreur; mais ce que MM. Salmon et Maunoury auraient pu ajouter, pour donner du piquant à leur affirmation, c'est que lorsque M. Renault cherchait si effrontément à dépouiller la Société d'Eure-et-Loir, il se débattait précisément entre lui et M. Delafond une question de priorité et de probité scientifique! La Société d'Eure-et-Loir aurait même pu ajouter que ce n'était pas la première fois que M Renault se parait, non pas des plumes des paons, qui crient trop fort quand on veut les plumer, mais de quelques bons et doux pigeons, qui sont beaucoup plus traitables et se laissent même au besoin croquer sans mot dire. Ce qu'il y a de mieux, c'est de n'être ni paon, ni pigeon, ni geai; ainsi l'a sans doute pensé la Société d'Eure-et-Loir; nous sommes sûr que M. Reynal doit l'en féliciter avec nous.

inefficaces ou nuisibles, les autres pour nier l'efficacité de médicaments réellement utiles. Il est donc indispensable que nous tâchions de jeter un peu de jour dans les obscurités qui pourraient voiler défavorablement les faits que nous aurons à produire en faveur de la médication phéniquée.

Un premier fait qu'il est d'abord d'autant plus utile de faire remarquer que les auteurs qui ont le plus insisté sur les incertitudes du diagnostic du charbon chez l'homme et les animaux paraissent l'avoir complétement oublié, c'est que ces incertitudes ne s'observent pas seulement dans le diagnostic des maladies charbonneuses, mais bien dans celui de la plupart, on pourrait presque dire de toutes les maladies. Que dans la fièvre typhoïde, que dans le croup, que dans la fièvre purulente, dans la fièvre puerpérale, dans la fièvre intermittente, dans le choléra même, etc., deux médications aient été employées avec des succès divers, celle qui aura obtenu les succès moindres ne manquera pas d'expliquer le succès de l'autre par des erreurs de diagnostic; ce n'est pas que l'explication ne puisse être bonne, mais elle est générale, et par sa généralité même, elle a des conséquences qui, si elles n'avaient pas été oubliées ou ignorées par les pathologistes *carbonculaires*, leur auraient évité bien des erreurs, des exagérations et des contradictions. Ce qu'il y a de plus difficile, dans toutes les questions pathologiques, physiologiques, physiques et morales, c'est d'en embrasser l'ensemble; la plupart des esprits n'ont pas l'amplitude nécessaire pour cela; leur regard se borne à un horizon rétréci, où ils trouvent — parfois — de petites vérités et toujours de grandes erreurs. La grande erreur commise par ces esprits trop difficiles ou, pour mieux dire, trop étroits, c'est de ne pas voir que leur objection, généralisée, détruirait le diagnostic de presque toutes les grandes maladies, c'est-à-dire renverserait l'édifice médical tout entier, car sans diagnostic, il ne saurait y avoir de médecine : or, toutes les maladies que nous venons d'énumérer et beaucoup d'autres encore ne peuvent être inoculées et, par conséquent diagnostiquées, si l'on en croyait MM. Maunoury et Salmon, et aussi M. Garreau leur imitateur. L'inoculation, tel est, en effet, le moyen imaginé pour dissiper la confusion qui règne, inévitablement, suivant eux, dans le diagnostic de la pustule maligne, quand on n'a pas recours à la lancette. « L'un de nous, dit, en parlant de M. Maunoury ou de M. Salmon, l'honorable auteur du rapport sur les affections charbonneuses, nous conseillait déjà, dans un savant mémoire à notre société, de suivre cette voie nouvelle ouverte dans la chirurgie expérimentale par M. Ricord. » Ce n'était pas être bien heureusement inspiré que de vouloir entrer dans la voie ouverte par M. Ricord, au moment même où ce chirurgien était obligé d'en sortir, couvert de confusion et d'or ; mais comme la pustule maligne ne pouvait sécréter autant d'or que celle de la syphilis, ou devait recueillir la confusion toute sèche. Nous ne parlons ici, bien entendu, qu'au point de vue du diagnostic, car au point de vue pathologique et pathogénique, les expériences de la Société d'Eure-et-Loir méritent tous les éloges qu'on leur a adressés et auxquels nous nous associons de grand cœur, pour notre compte. Il n'en est pas des expériences sur les animaux comme de celles sur l'homme : dans les premières, le pire qui puisse arriver, et c'est bien quelque chose, c'est de faire souffrir inutilement de pauvres bêtes ; mais s'il en résulte quelque chose, c'est tout profit pour la science ; dans les secondes, l'humanité doit toujours primer la science, et avec d'autant plus de raison, que ce que certains expérimentateurs considèrent comme la science, n'en a souvent que les apparences, et que c'est quelquefois la science des erreurs. A notre avis, la voie ouverte par M. Ricord devrait être sévèrement interdite par la loi, quand il s'agit de l'homme ; quand il s'agit des animaux, elle ne doit être condamnée que par la science, à moins que l'expérimentation ne revête les caractères d'une repoussante cruauté, comme elle les avait revêtus entre les mains du physiologiste Magendie, de barbare mémoire. (Voir l'*éloge* de cet académicien par son collègue le Dr Dubois (d'Amiens), secrétaire perpétuel de l'Académie de médecine.) Nous examinerons plus à fond la valeur diagnostique de l'inoculation en parlant du charbon des animaux ; contentons-nous, pour le moment, de relever quelques-unes des contradictions dans lesquelles les imitateurs de M. Ricord sont tombés, tout comme leur modèle, quoique d'une façon moins grave. Par exemple, quoique l'inoculation leur paraisse

le seul moyen de constater une véritable pustule maligne,
cela ne les empêche pas de tracer les caractères auxquels on
peut la reconnaître *sans inoculation*. Voici quels sont ces caractères : « Les caractères de la pustule inoculable sont : l'exiguité
de ses dimensions, sa forme ombiliquée, la couleur noirâtre et
la dureté coriace de son point central, le cercle chagriné de
ses bords, l'état vésiculeux de son aréole, la sensation pruri-
gineuse plutôt que douloureuse éprouvée par le malade, le
gonflement flasque, peu apparent d'abord, du tissu cellulaire,
sous lequel elle repose, gonflement plutôt élastique qu'œdéma-
teux, l'excessive vascularisation des tissus sous-jacents, tandis
que le point noirâtre, pustuleux est exsangue, insensible et
rude sous le scalpel, la rapidité de l'invasion du gonflement
élastique, enfin les symptômes d'intoxication charbonneuse,
savoir les défaillances, la faiblesse et l'irrégularité du pouls,
les vomissements de matières bilieuses, les sueurs froides et
l'asphyxie. » (MAUNOURY et SALMON, *Mém. sur l'in. de la pust.
mal.*, p. 48).

Laissant de côté les derniers symptômes, qui ne peuvent
guère servir au diagnostic nécessaire pour guider dans le traitement, puisque, lorsque ces symptômes se présentent, tout traitement est à peu près inévitablement impuissant, il reste encore
un ensemble de caractères très-suffisants pour établir un bon
diagnostic; ajoutons que ces caractères sont généralement
considérés comme exacts. Les auteurs qui les ont ainsi décrits
les considèrent donc comme suffisants; bien plus, dans un
autre passage de leur travail, ils les trouvent presque tous
superflus. « Cette tuméfaction, disent-ils dans une de leurs
observations de *pustule maligne*, présentait une bouffissure
molle et élastique, *bouffissure caractéristique du gonflement
charbonneux de mauvaise nature.* » Et ce sont eux qui sou-
lignent. Mais tout caractéristique que soit ce gonflement, ils
l'oublient ailleurs ou ne comptent plus sur lui, et, parlant de
la difficulté de distinguer même de l'anthrax et du furoncle
la pustule maligne des auteurs, « la difficulté, disent-ils, sera
bien plus grande encore en présence de la pustule inoculable
de la Beauce sans vésicule primitive et sans aréole quelquefois,
toujours sans noyau d'induration de la peau, et présentant

seulement à toutes les périodes, au milieu d'un gonflement élastique considérable, l'apparence d'un point irrégulier ressemblant à une morsure de puce, d'autres fois un peu plus large que la tête d'une épingle, semblant être formé par l'éraillement de l'épiderme. » Voilà qui est peu clair : tout à l'heure la pustule inoculable — et inoculable de la Beauce, puisque les auteurs n'ont inoculé que celle-là — était constituée par une *pustule ombiliquée*.... etc.; maintenant, la pustule inoculable de la Beauce n'est pas même une vésicule, c'est l'*apparence* d'un point irrégulier, » — (ce qui par parenthèse ne se conçoit guère; un *point* ou l'apparence d'un point irrégulier, qu'est-ce que cela peut bien représenter à l'esprit?) — « qui ressemble à une morsure de puce; » mais le point résultant d'une morsure de puce n'a rien d'irrégulier, ni même la petite ecchymose qui l'entoure, et nous doutons, à vrai dire, que jamais pustule maligne ait présenté l'aspect rosé soit du point central d'une morsure de puce, soit de l'aréole qui l'entoure. Et pourtant, de par l'inoculation, ce sera là — il est vrai dans une des versions seulement de MM. Maunoury et Salmon — la *pustule* inoculable de la Beauce! mais cette fois, du moins, cette pustule — sans pustule ni vésicule — est-elle bien la seule maligne, ou tout au moins l'est-elle seule avec celle qui est réellement pustuleuse (ou plutôt vésiculeuse)? Bien loin de là, car nous allons voir que les auteurs vont mentionner *des espèces* — ce qui ne signifie pas moins de *plusieurs espèces* — de charbons malins :

« Dans le traitement de la pustule inoculable, disent-ils, nous ne pouvons avoir confiance dans l'efficacité des autres moyens, (autres que la cautérisation), tant que des expériences d'inoculation n'auront pas sanctionné le diagnostic... »; et comme consécration de ce principe *absolu*, les auteurs écrivent encore : « C'est à nous de ne jamais nous laisser entraîner, sur la foi d'une autorité trompeuse, à l'engouement de la prétendue spécificité de certains médicaments ; c'est à nous de suivre *la voie* SURE qui nous a été tracée par l'expérience de nos devanciers, » — (qui n'ont jamais sanctionné leur diagnostic par une seule inoculation) — « c'est à-dire de cautériser énergiquement avec la potasse ou mieux avec le sublimé corrosif, qui est UN *des agents caustiques* les plus efficaces dans CES ESPÈCES de charbons malins! » Il faut le dire à la gloire du second père de l'inoculation, jamais il n'est tombé dans de plus belles confusions et contradictions. Mais, comme après tout, MM. Maunoury et Salmon n'en ont pas moins fait un utile travail, nous ne pousserons pas plus loin notre critique, nous réservant de compléter plus tard ce que nous avons à dire de l'inoculation. Nous nous faisons un plaisir d'ajouter ou plutôt de répéter que le petit précis symptomatologique qu'ils ont tracé, et qu'un de leurs confrères de la Société d'Eure-et-Loir a encore concentré (1), est suffisant pour caractériser et, par conséquent, pour faire reconnaître à tout médecin attentif la pustule maligne de la Beauce et d'ailleurs, car nous aimons à croire que nos honorables confrères n'admettent pas plus une pustule maligne *de la Beauce*, qu'une fièvre typhoïde *de la Picardie* ou un croup *de la Champagne*. Avec le résumé qu'ils ont tracé on reconnaîtra les pustules malignes de tous pays, surtout quand on aura constaté — circonstance très-importante — que ce groupe de symptômes s'observe exclusivement sur des hommes qui sont en contact avec des débris, des dépouilles d'animaux sujets aux affections charbonneuses. Sans doute, il n'est pas impossible qu'en présence de cet ensemble de symptômes coïncidant même avec la circonstance dont nous avons parlé, on ne soit exposé, par extraordinaire, à commettre une erreur de diagnostic dans un cas donné ; on n'en saurait commettre habituellement ni fréquemment, et cela suffit pour qu'on puisse juger de l'efficacité d'un traitement. Il y a quelque chose de plus utile à faire que d'inoculer toutes les pustules malignes avant de les traiter, — chose impossible, du reste, dans la pratique — c'est de les décrire toutes exactement, de décrire les traitements employés, et de supputer ensuite et les

(1) « Pour terminer cet article, nous le résumerons en mettant en relief les caractères principaux, et *presque pathognomoniques* sur lesquels repose le diagnostic de la pustule maligne. Ils sont au nombre de trois, savoir :
» 1° L'absence de pus ou de sanie dans la vésicule initiale.
» 2° L'absence d'une douleur spontanée.
» 3° L'existence d'une aréole vésiculaire non purulente autour d'une eschare circonscrite et de petite dimension. » (RAIMBERT, art. *Charbon* du *Nouveau Dictionnaire de méd. et de chir. pratiq.*, Paris, 1866, t. VII.)

symptômes et les résultats curatifs. Que la Société d'Eure-et-Loir, qui est animée d'un zèle aussi louable que rare, fasse ce travail, et elle méritera de la science, mieux encore que par le passé, quoique son passé soit digne de tous les éloges. Et si mes confrères, MM. Maunoury et Salmon, veulent me permettre une prophétie, je leur dirai que le travail dont je parle les convaincra très-probablement d'un fait qui les étonnera sans doute énormément, c'est que « *cette voie* SURE, (traitement par les caustiques) qui leur a été tracée par leurs devanciers, est une voie absolument fallacieuse, qui rappelle trop la méthode sauvage de l'extirpation de la tumeur et de *toutes les parties environnantes qui paraissent altérées par le virus !* méthode préconisée par Fournier et par Chambon, et à laquelle, dit M. Raimbert, Maret (de Dijon) avait renoncé, après en avoir reconnu les inconvénients, au nombre desquels il place, à côté des douleurs atroces, la *fréquence de la* RÉCIDIVE. *Récidive*, en pareil cas, ne peut signifier que continuation de la marche de la maladie et mort. Comment se fait-il que là où Fournier, Chambon et Maret avaient échoué, par la *fréquence* des *récidives*, en enlevant *tout* ce qui *paraissait* altéré par le virus, MM. Maunoury, Salmon, Bourgeois et presque tous leurs confrères de la Beauce et d'ailleurs, espèrent réussir en cautérisant plus ou moins profondément la plaie résultant de l'ablation préalable de la petite escarre charbonneuse? Il faut demander aux psychologues le secret de cette étrange bigarrure de l'esprit humain en général et de l'esprit médical en particulier. Ce même observateur, qui vient d'écrire qu'en *enlevant* — c'est radical — toutes les parties qui *paraissent* seulement atteintes par le virus, on a de fréquentes récidives, ce qui veut dire qu'on n'a nullement enlevé tout le virus, conseille néanmoins de cautériser une *faible portion* de ces mêmes tissus, — qu'un autre enlevait — avec l'espoir, que dis-je, avec l'apparente certitude d'enlever tout le virus, et d'empêcher ainsi l'*intoxication charbonneuse*. C'est toujours la doctrine absurde de M. Ricord et de tous ses devanciers, les localisateurs, qui se sont figuré que les virus introduits sous l'épiderme, faisaient là une halte de quelques jours (quatre jours, — pas une minute de moins, — pour la syphilis, suivant M. Ricord), ou de quelques années (dans le cancer, par exemple), tout exprès pour donner aux chirurgiens le temps de les détruire par le fer, le feu ou les caustiques. Et ils comptent tellement sur la *voie* SURE tracée par l'expérience de leurs devanciers, comme disent MM. Salmon et Maunoury, qu'ils ne se mettent plus en peine de s'assurer s'il y a un seul caustique, non pas *sûr*, mais qui, au moins, guérisse *quelquefois*, et qu'ils discutent seulement quel est celui qui guérit le plus souvent, discussion non moins bizarre elle-même que tout le reste, puisque *les devanciers* qui ont tracé la voie *sûre* employaient des caustiques divers, ce qui implique que tous les caustiques sont également *sûrs!* On n'attend pas, d'après ces considérations, que nous discutions ni la valeur curative ni le mode d'action de ces caustiques; nous dirons cependant quelques mots de l'un d'eux, et cela pour plusieurs motifs.

D'abord, parce qu'après les considérations qui précèdent, nous sentons le besoin de déclarer que, quelle que soit notre confiance dans la logique et dans les lois générales de la physiologie, nous professons avant tout le respect des faits, pourvu qu'ils soient bien constatés. Sans doute nous croyons — parce que tout le démontre — que la fonction de l'absorption est due à une force générale, qui ne peut pas plus se suspendre que le cœur ne peut cesser de battre, sans que la vie s'éteigne. Il nous paraît donc inévitable, fatal, que toute substance absorbable insérée sous l'épiderme, c'est-à-dire mise en contact avec des voies d'absorption, soit absorbée immédiatement, et répandue par la circulation dans l'organisme tout entier. Il est donc, d'après cela, chimérique de chercher à détruire un virus sur un point quelconque de la peau ou de tout autre organe, plusieurs heures et à plus forte raison plusieurs jours après une contagion. Cependant presque tous les médecins le tentent dans presque toutes les maladies et spécialement dans la pustule maligne, ce qui ne serait pas un bien fort argument, car nous n'avons pas une profonde vénération pour « la voie *sûre* des devanciers. » Mais nous avons une grande considération pour la plupart des membres de la Société d'Eure-et-Loir, et quand nous les voyons presque tous montrer une confiance si entière dans la cautérisation avec le sublimé corrosif solide, nous ne dissimulons pas que nous nous sentons par moments ébranlé. Est-ce que le virus charbonneux, que nous savons aujourd'hui, à n'en plus guère douter, être un ferment vivant, resterait, à cause de ses dimensions, rebelle aux forces absorbantes, jusqu'à ce qu'il ait pu se multiplier sur place, pénétrer par sa graine et envahir ensuite lui-même la masse du sang, au lieu d'y être entraîné? C'est, à notre avis, aussi peu probable que possible; mais il faudrait pourtant bien l'admettre si l'efficacité des caustiques ou de l'un d'entre eux était démontrée autrement que par « l'expérience des devanciers. » La doctrine parasitaire fournirait ici une explication impossible sans elle. Peut-être même, dans ces cas, la cautérisation aurait-elle pour résultat de tuer sur place les parasites volumineux que le traitement général serait impuissant à détruire, et qui, sans la cautérisation, resteraient là, comme un foyer de génération parasitaire et par conséquent de récidive morbide. On voit de quelle importance il serait que la Société d'Eure-et-Loir voulût bien suivre le conseil que nous nous sommes permis de lui donner précédemment.

Mais si l'efficacité des caustiques et même celle du sublimé corrosif est peu probable, malgré l'autorité des praticiens qui y ont confiance, et malgré les réserves qui précèdent, un fait bien positif et intéressant découle de la cautérisation par le dernier de ces caustiques, c'est l'abolition de la propriété d'absorption sur les surfaces cautérisées par ce moyen. Les praticiens d'Eure-et-Loir l'emploient, en effet, à l'état solide, grossièrement pulvérisé, en l'appliquant à demeure dans la cavité creusée en enlevant la petite escarre charbonneuse. Plusieurs décigrammes de ce sel restent, ainsi, longtemps en contact avec les tissus, c'est-à-dire une quantité dix ou vingt fois supérieure à celle qui suffirait pour causer la mort, si le médicament passait dans la circulation. Ce fait de l'action des caustiques n'est pas neuf, assurément; mais il ne saurait être mieux établi que par la cautérisation à l'aide du sublimé, et c'est pour cela que nous y avons insisté. Il démontrerait, de la façon la plus irrécusable, que la pustule maligne est bien, primitivement, une maladie locale, si l'efficacité de la cautérisation était elle-même bien établie. Mais *that is the question* là est la question. Que M. Maunoury, qui a été, à si juste titre, d'une

a...

sévérité rigoureuse pour le traitement de MM. Raphaël et Nélaton, par les feuilles de noyer, y réfléchisse ; il se convaincra
que cette question ne peut être résolue par « l'expérience de
ses devanciers, » et que le zèle de toute la Société d'Eure-et-
Loir ne sera pas de trop pour la résoudre. La Société ne pourra
mieux employer son temps, à moins qu'elle ne veuille expérimenter le traitement par l'acide phénique dont nous allons
maintenant nous occuper. A vrai dire, nous nous étonnerions,
si l'étonnement était encore possible à propos de médecine et
de médecins, que ce traitement n'ait pas été encore expérimenté par des praticiens placés sur le véritable théâtre de la
pustule maligne et qui se prétendent, qui sont réellement des
amis du progrès. Comment ! parce que deux médecins, dont
un professeur, préconisent de simples applications de feuilles
fraîches de noyer, — probablement cueillies le jour de saint
Chrysogone. avant le lever du soleil — c'est-à-dire un remède
de commère par excellence, deux membres les plus distingués
d'une société médicale sérieuse s'empressent de l'expérimenter ;
et quand un autre remède se recommande par de nombreuses
expériences scientifiques. par des résultats merveilleux obtenus
sur d'autres maladies, par les considérations les plus rationnelles de pathologie générale et de physiologie, cette société
reste inactive ! et cette même société fait la guerre aux charlatans empiriques de son voisinage ! Hélas! si les empiriques
savaient! quel large flanc la société ne présenterait-elle pas à
leurs flèches ! Encore une fois donc, que MM. Maunoury et
Salmon y réfléchissent et qu'ils usent de leur influence pour
que la société dont ils sont deux des membres les plus zélés
soit fidèle à la mission de progrès qu'elle paraît s'être donnée.
L'expérimentation du traitement phéniqué est d'autant plus un
devoir pour elle, que tous ses membres considèrent la pustule
maligne ou comme absolument incurable ou comme attaquable
exclusivement par les caustiques, et que le traitement phéniqué ne peut ni contre-indiquer aucun autre traitement, ni
nuire à aucun, et qu'il ne peut, tout au plus, qu'être impuissant comme tous les autres ; il est, de plus, très-facile à appliquer ; rien, absolument rien, si ce n'est une routine plus incurable encore que la pustule maligne, ne peut donc s'opposer à

ce que ce traitement soit expérimenté, et sur la plus large échelle.

La première fois que j'appliquai l'acide phénique au traitement du charbon de l'homme, la maladie se présentait sous la forme d'œdème malin des paupières, qui avait déjà envahi toute la face, le cuir chevelu et le cou (voir la 1re édit. de ce travail, p. 178) ; aussitôt que le malade fut en ma présence, je fis une application d'acide phénique au moyen d'un de mes appareils pulvérisateurs, je projetai sur la face, la tête et le cou un jet d'eau phéniquée pulvérisée à 2 p. 100, et je prescrivis un sirop phéniqué à 1 p. 100, de façon à ce que le malade prît 1 gramme d'acide dans sa journée. Quelques heures après le début du traitement, les envies de vomir, qui déjà se manifestaient quand je vis le malade, cessèrent; le gonflement diminua; un des deux yeux, disparus sous le gonflement, put commencer à s'entr'ouvrir; le lendemain, le malade voyait des deux yeux ; enfin, au bout de deux jours, il ne restait aucune trace des désordres observés.

Dans un cas pareil, le traitement devrait encore être le même aujourd'hui, sauf que j'y ajouterais deux ou trois injections hypodermiques. Mais je crois que dans la pustule maligne proprement dite, la douche pulvérisée est inutile ; je la supprime donc, et, au lieu d'une cautérisation avec l'acide phénique brut, par conséquent liquide, je pratique cette cautérisation avec l'acide cristallisé pur. On comprend, d'après ce que j'ai dit de la prétendue localisation des affections charbonneuses, que je n'attache pas une importance démesurée à la cautérisation ; mais comme je ne pousse pas, à l'exemple de certains confrères, l'esprit de doctrine jusqu'à priver les malades d'un moyen de traitement, qui, appliqué comme je le fais, ne peut avoir aucun inconvénient sérieux, et qui, si par hasard je me trompais, peut contribuer à la guérison, je sacrifie, dans un intérêt humanitaire, très-improbable, mais enfin possible, aux faux dieux, c'est-à-dire aux doctrines de l'école, tout en ne les adorant pas.

Quant au caustique à appliquer, nul doute que l'acide phénique ne soit préférable à tous les autres, sans en excepter le sublimé corrosif, adopté par la Société d'Eure-et-Loir. On n'a pas oublié qu'on avait constaté la fréquence des « *récidives,* » à la suite de l'ablation, par le couteau, de *tous* les tissus qui paraissaient malades ; or, le sublimé ne saurait avoir la prétention d'enlever tout ce qui paraît malade ; si on le préfère, c'est par d'autres considérations; or, il n'est aucune de ces considérations qui ne soit applicable à l'acide phénique, lequel a, en outre, l'avantage de ne pas laisser en circulation une substance aussi dangereuse que le bi-chlorure hydrargyrique ; enfin, l'acide phénique agit plus promptement que le sublimé, ce qui est évidemment un avantage, à supposer que la cautérisation ait pour résultat de tuer d'autres parasites que ceux qu'il touche, et même quand il ne ferait que tuer ces derniers. En résumé, le traitement phéniqué de la pustule maligne consistera dans les prescriptions suivantes :

1º Cautériser les parties malades, en y déposant, à l'aide d'un pinceau, une certaine quantité d'acide phénique cristallisé, en proportion avec l'étendue de la surface à cautériser. La couche d'acide ne devra pas être épaisse, un à deux millimètres; mais on la renouvellera jusqu'à ce qu'on ait escarrifié toute l'épaisseur possible de tissu, ce qui, ainsi que nous l'avons dit précédemment, se borne à 3, 4 ou au plus 5 millimètres. La chaleur de la peau fait ordinairement fondre l'acide phénique; s'il fusait hors des parties auxquelles on veut limiter la cautérisation, il sera très-facile d'éviter cet inconvénient, en essuyant la portion qui dépasse les limites tracées, à l'aide d'un petit linge imbibé d'alcool, qui absorbe l'acide aussitôt qu'il le touche.

2º Aussitôt après la cautérisation ou même avant, ce qui vaudrait mieux, suivant nous, au moins dans les cas graves où les symptômes généraux sont déjà déclarés, on pratiquera 3 ou 4 injections sous-cutanées de 5 grammes d'eau phéniquée à 1 p. 100; cette injection se fera indifféremment sur une des régions que nous avons indiquées comme lieux d'élection, mais toujours à une certaine distance des parties malades, de façon à ce que le liquide curatif soit déposé dans un tissu cellulaire sain 3 ou 4 injections suffiront ordinairement dans les premières 24 heures ; si toutefois, aucune amélioration n'était obtenue au bout de deux, trois ou quatre heures au plus, on devrait en pratiquer de nouvelles et même à la rigueur une troisième fois, après le même intervalle. Dans tous les cas, une série d'injections sera pratiquée 24 heures après la première, et même, si tout danger n'a pas disparu, une troisième, 24 heures après la seconde.

3º A l'intérieur, on prescrira de l'eau phéniquée à 1 p. 100, ou mieux 5 ou 10 cuillerées de notre sirop phéniqué titré à 10 centigr. par cuillerée, que nous faisons préparer avec notre acide phénique *bon goût*. Nous avons expliqué à l'article préparations phéniquées ce que nous entendons par ces mots.

Ce n'est pourtant pas en réunissant toutes ces conditions de succès qu'il nous fut possible d'appliquer le traitement phéniqué, la seconde fois que nous eûmes à traiter une pustule maligne ; nous fûmes néanmoins aussi heureux que la première fois. Voici dans quelles conditions :

Mᵐᵉ de Fodon fut piquée par une mouche le 19 juin 1868, à la campagne, chez son gendre M. de V... Après divers pansements, le bras commence à enfler et devient lourd ; en même temps apparaît une petite pustule. Un médecin de la localité consulté déclare à Mᵐᵉ de F... que son mal est grave. Elle accourt à Paris et vient me trouver. Le bras droit était enflé ; des traînées rouges le parcouraient jusque sous l'aisselle. La malade avait déjà vomi dans le chemin de fer. Je pratique une forte cautérisation avec l'acide phénique pur, et deux inhalations par jour, la malade ayant redouté les piqûres des injections sous-cutanées. Je prescris, en outre, le sirop phéniqué, une cuillerée environ toutes les demi-heures. — A la quinzième cuillerée, soit après avoir pris 1 gr. 50 c. d'acide, toute envie de vomir disparaît, le mieux se déclare. Le 24, Mᵐᵉ de F... étant guérie, sauf la cicatrisation de la plaie, put retourner à sa campagne. J'eus l'année suivante l'occasion de mesurer la cicatrice résultant de la cautérisation : elle avait 15 millimètres de diamètre.

Quand de nouvelles occasions me furent données d'appliquer ma médication, nous étions dans les tristes conditions du siége de Paris par l'armée ennemie. Malgré ces conditions, le traitement put être appliqué d'une manière plus complète, et les résultats furent non moins heureux. Nous avons communiqué les résultats à l'Académie des sciences, dans la séance du 2 octobre 1871 (Voir les *Comptes-rendus des séances de l'Académie des sciences*, 1871, 2e semestre, no 14); nous avons l'espoir fondé que ceux qui voudront bien suivre notre méthode ne seront pas moins favorisés que nous. Nous allons en reproduire ici l'exposé sommaire.

Ceux de ces faits qui nous sont propres ne sont pas très-nombreux, ils sont seulement au nombre de sept. Mais il y en a deux qui ne nous appartiennent pas, et que nous croyons devoir faire connaître succinctement pour mieux établir la signification des nôtres. Comme les nôtres, ces deux faits ont été observés à l'abattoir de Grenelle, et à l'un de ces parcs de moutons formés pour l'approvisionnement de Paris, et dans lesquels il s'est malheureusement développé, pendant le siége, beaucoup d'affections charbonneuses. Voici d'abord les deux premiers faits :

I. — Rapaille (dit *Bibi*), âgé de 35 ans, boucher, a *travaillé* à l'abattoir de Grenelle, le même bœuf qu'un autre malade, le sieur Maire, dont il sera question plus loin. — Le 10 septembre 1870, il a senti son avant-bras droit douloureux, et il y a découvert un bouton. Il va consulter le docteur Mène, rue Oudinot, no 6, qui cautérise le bouton avec la pierre infernale.

Le lendemain, 11 septembre, le gonflement et la douleur du bras ont augmenté. Le malade va à la consultation de l'hôpital Necker. M. Désormeaux, chirurgien de l'hôpital, incise le bouton et le cautérise au fer rouge. Aucun médicament n'est prescrit à l'intérieur.

Le lundi, 12, le malade, se trouvant plus mal, est admis à l'hôpital, dans le service du même chirurgien, salle Saint-Pierre, no 15. M. Désormeaux le cautérise de nouveau, et lui prescrit de la tisane simple (décoction de chiendent et réglisse) et une potion gommeuse.

Le mardi, 13, M. Désormeaux incise largement l'avant-bras dont le gonflement a considérablement augmenté. La maladie s'aggrave néanmoins.

Je vois le malade le 15, et je constate une gangrène de toute la partie interne de l'avant-bras et du bras, et un gonflement paraissant devenir prochainement gangréneux, sur la partie latérale de la poitrine et jusqu'à l'abdomen.

Le 16, la famille du malade ayant vu mourir le matin même un de ses camarades, veut l'emmener; il sort de l'hôpital à deux heures, éprouve, pendant le trajet de l'hôpital chez lui, un évanouissement qui fait craindre une terminaison fatale.

On m'écrivit un mot pour aller voir ce malheureux. Je partis sur-le-champ; mais je le trouvai mourant; je prescrivis un pansement phéniqué; mais le malheureux Rapaille mourut à 8 heures du soir.

II. — Flamand (Noël) s'occupait, au parc de moutons des Petits-Ménages, au transport et même à l'abattage des moutons atteints de clavelée et de sang de rate. Il vit, tout à coup, se développer quatre boutons de la largeur de l'ongle, surmontés d'une phlyctène jaunâtre, situés à la main gauche, vers le tiers inférieur de l'avant-bras, près du poignet, un autre un peu plus haut, et, enfin, un plus gros en dehors. Ces boutons furent cautérisés par M. Weber, vétérinaire, le 9 septembre 1870. Le malade fut examiné par MM. Bouley et Vattel, qui constatèrent la nature charbonneuse de la maladie.

Le lendemain, 10, le malade fut cautérisé avec le nitrate d'argent par M. le docteur Mène, qui prescrivit, en outre, une potion ammoniacale, et une infusion de fleurs de sureau.

Le malade, n'allant pas mieux, se rendit à la consultation de l'hôpital Necker, et il y fut admis, le 15, dans le service du docteur Guyon, salle Saint-Jean, n° 1. On lui prescrivit des cataplasmes et une potion banale; aucun traitement spécial ne fut mis en usage.

Le malade meurt dans la nuit du 16 au 17.

Dans notre note à l'Académie des sciences, nous avons été sobre de remarques sur ces deux faits; nous n'y insisterons pas non plus beaucoup ici. Nous ne croyons pas devoir résister, cependant, au besoin de signaler l'incurie de la chirurgie officielle, devant des cas aussi graves. De deux chirurgiens d'hôpitaux, l'un brûle et taille le malade, par des procédés que tous les praticiens des pays à pustule maligne ont abandonnés; l'autre se contente d'abandonner le malade à son triste sort, et le laisse mourir de sa belle ou plutôt de son affreuse mort. Ni l'un ni l'autre de ces chirurgiens ne se croient obligés d'essayer un traitement qu'ils n'ont pas inventé, il est vrai, mais qui se recom-

mande pourtant par des faits nombreux et heureux ; ils ne font
guère, du reste, que suivre la voie tracée par les maîtres et
dans laquelle leurs collègues marchent à peu près unanime-
ment sans hésitation ni remords, pénétrés profondément de
cette idée, consciente ou inconsciente, que rien de bon ne
saurait se faire en dehors de leur science officielle, et que les
hôpitaux sont faits pour eux et non pour les malades. Quand
donc le temps viendra-t-il où le bien des pauvres sera administré pour les pauvres eux-mêmes et à leur profit, au lieu de
servir de marchepied à des ambitions anti-humanitaires, favo-
risées par la plus regrettable des organisations? Mais passons
à des faits plus consolants.

III. — M. Maire, âgé de 40 ans environ, était occupé à l'abattoir de Grenelle, à abattre les animaux malades et maniait aussi
ceux qui étaient morts. Il a soigné, en dernier lieu, le même
bœuf dont les dépouilles ont donné le charbon à Rapaille, qui
en est mort.

Le 5 septembre 1870, il s'aperçoit d'un bouton à peine douloureux, placé sur la main, juste au-dessus de l'union de la première phalange du pouce avec le métacarpe. Il va consulter le
Dr Mène, rue Oudinot, n° 6 ; ce médecin cautérise le bouton,
qu'il déchire avec la pointe du crayon de nitrate d'argent, et
prescrit de l'eau de Labarraque coupée, et une potion ammoniacale.

Le surlendemain, 7, M. Rouillard, directeur de l'abattoir, me
fait voir ce malade; il a le bras en écharpe. Le bouton cautérisé a la largeur de l'ongle; il est noir à sa base et recouvert
d'une phlyctène renfermant du liquide; l'avant-bras et le bras
sont empâtés; une traînée rouge monte le long du bras jusqu'à
l'aisselle. Le malade ne se plaint d'ailleurs que de la lourdeur du
bras et de la soif. Je cautérise vigoureusement la pustule avec
l'acide phénique solide ; je pratique deux injections sous-cutanées avec une solution phéniquée à 1 p. 100, et je prescris à
l'intérieur une solution phéniquée, à un demi p. 100.

Le lendemain, le malade me dit avoir bu le litre entier de
cette solution (contenant 5 grammes d'acide) et n'en avoir pas
été incommodé, au contraire, mais s'être trouvé sensiblement
mieux. — Je recommence les mêmes opérations que la veille, et

je prescris 2 gram , seulement d'acide dans le litre d'eau, en recommandant au malade de n'en boire qu'un demi-litre par jour. — Ne devant point revenir à l'abattoir les jours suivants, je recommande qu'on m'avertisse si le malade n'allait pas de mieux en mieux.

Le 14, j'apprends qu'il est entièrement guéri, et que son co-employé Rapaille se meurt à l'hôpital où je fus le visiter.

Nous nous abstiendrons de toute réflexion particulière sur ce fait, si ce n'est pour faire remarquer la dose à laquelle le malade a pris, sans inconvénient, l'acide phénique. Toutefois, comme nous n'avons pas été témoin du fait, et quoique le malade parût très digne de foi, nous faisons nos réserves, et nous laissons à une observation ultérieure le soin de décider si, dans la pustule maligne au moins, l'homme peut supporter, sans en être nullement incommodé, une dose de *cinq grammes* d'acide phénique dissous dans un litre d'eau.

IV. — M. Maire fut guéri de la pustule maligne, mais il ne le fut pas de son défaut de soins pour sa personne. A peine remis de sa maladie, il reprit le même travail et mania, sans plus de précautions qu'auparavant, diverses dépouilles d'animaux morts du charbon. Le 17 septembre, un bouton semblable au premier apparut sur la face dorsale du *medius*, au-dessous de l'articulation métacarpo-phalangienne ; le doigt est gonflé, le bras est douloureux, et déjà une traînée rouge apparaît sur le trajet des lymphatiques. Je pratique deux injections sous-cutanées de cent gouttes chacune, et je prescris le même traitement. Cette fois, en trois jours, la maladie est arrêtée et la guérison est obtenue.

V. — Boyer, boucher, m'est amené, le 16 septembre, par M. le directeur Rouillard. Il porte à la face dorsale du *medius* un bouton charbonneux sur la nature duquel l'habile directeur ne s'est pas trompé ; c'est en effet une pustule caractéristique; le doigt est empâté et à peu près indolore, mais le bras déjà douloureux à sa partie moyenne. — Le traitement déjà indiqué est appliqué, et au bout de trois jours la guérison est obtenue.

VI. — Le lendemain du jour où mourait le malheureux Rapaille (obs. I), martyrisé à la fois par l'art et la nature, je fus appelé à voir à l'abattoir M. Plumet, âgé de 20 ans. Il portait un bouton caractéristique au bras droit, qui était déjà crevé, mais peu avancé cependant, entouré d'un empâtement léger, élastique, très-circonscrit. Aucun symptôme général; le mal, en un mot, paraissait encore local. Je cautérisai fortement la petite écorchure avec de l'acide phénique pur; je prescrivis un pansement à l'eau phéniquée, et à l'intérieur, dix cuillerées à bouche de mon sirop phéniqué titré à 10 centigr. par cuillerée. — Le malade guérit en quelques jours, sans que j'eusse fait aucune injection sous-cutanée.

Je mentionnerai un peu plus loin l'influence heureuse qu'eurent ces guérisons et celles qu'obtint plus tard M. le directeur Rouillard lui-même, sur le travail de l'établissement ; nous voulons auparavant rapporter encore quatre faits que nous avons observés. Les trois premiers se sont passés dans le parc de moutons des Petits-Ménages.

VII. — Le malheureux Flamand (obs. II) fut remplacé dans son dangereux travail par M. Schmidt, qui ne tarda pas à le remplacer aussi dans sa maladie. M. Rouillard, sollicité par la directrice du parc, jusqu'à laquelle le bruit des guérisons obtenues à l'abattoir était parvenu, me fit voir Schmidt le 26 septembre 1870; il portait sur les deux genoux, sur les bras, sur les mains, plus de quinze boutons caractéristiques, à peine douloureux, à base dure, à pourtour empâté, élastique, à sommet phlycténoïde, exactement semblables à ceux du malheureux Flamand. Le malade avait transporté les jours précédents plusieurs moutons morts du sang de rate, en les appuyant sur ses genoux et sur ses cuisses. — Séance tenante, j'ouvris les boutons; je les cautérisai avec l'acide phénique; je les fis lotionner d'une manière continue avec une solution phéniquée à 1 p. 100; je prescrivis la même solution en boisson, de façon à ce que le malade prît de 1 à 2 grammes d'acide dans les vingt-quatre heures, et, enfin, je pratiquai une injection sous-cutanée avec une nouvelle substance que j'ai désignée dans un pli cacheté déposé à l'Académie des sciences, que peut-être je ferai connaître à la fin de cet ouvrage, mais que je ne puis nommer encore en ce moment.

Le 27, ce malade est sensiblement mieux. — Je continue le même traitement, sauf la cautérisation.

Le 28, le mieux est plus sensible encore.

Le 30, le malade est visité par M. Bouley et par plusieurs médecins; ils manifestent l'intention de prendre du liquide des boutons pour l'inoculer à des moutons; mais l'altération de ce liquide par la cautérisation les fit sans doute renoncer à leur projet, que je ne connus, du reste, que plus tard, car la visite se fit en mon absence et sans que j'en eusse été prévenu, procédé qui aurait été assez peu convenable en temps ordinaire; mais en temps de siége, bast!

L'important, c'est que le 2 octobre je pus constater une amélioration qui me parut devoir être définitive et qui le fut, en effet.

VIII.— Elle ne l'était pas encore, lorsque je reçus, porteur d'une lettre de Mme la directrice du parc des Petits-Ménages, M. Pradel, affecté d'un bouton absolument semblable à ceux que portait M. Schmidt, mais qui était unique; il était placé sur la main droite. — M. Pradel fut traité exactement comme M. Schmidt, et l'issue de la maladie ne fut pas moins heureuse.

IX. — Le neuvième fait que j'aie à rapporter, et le dernier de la série que j'ai observée pendant le siége, a pour sujet M. Fourmilleau (Jules) demeurant chez M. Letron, boucher, rue Saint-Honoré, 265, et employé, pour le moment, dans un établissement placé sous la surveillance de M. Rouillard. Ce jeune homme était employé à l'abattage des bœufs de *sang échauffé*. Le 27 septembre, il observe un bouton sur la partie inférieure et externe de sa jambe droite; il m'est adressé par M. Rouillard. Je constate le bouton, qui est de l'étendue de l'ongle du petit doigt, peu douloureux, à base indurée, et surmonté d'une phlyctène de couleur roussâtre; je perce la phlyctène, et il en sort une sérosité d'abord limpide, puis, à la fin, grisâtre, purulente; la jambe est déà empâtée à une certaine distance; elle offre à sa partie antérieure une traînée rouge qui monte vers le genou. — Cautérisation de la pustule comme dans les cas précédents; boisson phéniquée à 1 p. 100; injection sous-cutanée d'une solution phéniquée au même degré (5 grammes injectés).

Le 20, jambe moins enflée; les traînées rouges ont dispar

— Mieux sensible. — Le même traitement moins la cautérisation est continué.

Le mieux se continue jusqu'au 3 octobre ; ce jour-là se détache l'escarre résultant de la cautérisation ; la plaie située au-dessous est profonde, mais de bon aspect. — Même traitement, moins la cautérisation et les injections. — Huit jours après, la guérison était achevée.

J'ai examiné au microscope le liquide extrait de la phlyctène initiale : la partie purulente présentait de nombreux globules purulents altérés, et de petits corps filiformes, droits, qui m'ont paru être des microzoaires, mais dont je n'ai pu déterminer l'espèce. Le tout occupait un espace central, circulaire, entouré d'une auréole transparente, assez large, et vide de globules et d'animalcules. Mon défaut de compétence m'oblige à m'abstenir de toute remarque sur cette constatation ; je ferai seulement observer que les corps filiformes observés ressemblaient beaucoup à ce que Delafond avait désigné sous le nom de batonnets qui sont devenus, sous des yeux plus compétents, des bactéries, puis des bactéridies. (Davaine.)

J'ai déjà dit que M. Rouillard était un très-habile directeur ; mais ce n'était point assez dire : il est aussi un observateur très-attentif et très-sagace. Aussi, placé comme il était, sur un théâtre trop bien approvisionné de charbons et de pustules malignes, en sut-il bientôt sur cette maladie, au point de vue pratique, autant que les médecins et les vétérinaires les plus compétents. Obligé moi-même de satisfaire à de nombreuses exigences professionnelles au camp et à la ville, je pus donc laisser entre les mains de M. Rouillard les moyens de traitement que j'avais appliqués devant lui, et le soin de les appliquer. C'est ce que fit M. Rouillard, avec un succès que constate un rapport *officiel* qu'il adressa à son chef hiérarchique, M. le Directeur général de l'agriculture. Nous avons reproduit ce rapport dans notre lecture à l'Académie des sciences ; nous nous contenterons d'en reproduire ici les dernières lignes. Après avoir rappelé les sept cas de guérison rapportés ci-dessus, M. Rouillard ajoute : « De plus, M. le Dr Déclat m'ayant laissé une bouteille d'une préparation à l'acide phénique ordinaire et de l'acide phénique pur, je cautérisai les coupures et les boutons de tous les garçons qui étaient atteints ou qui paraissaient l'être, et je dois à la vérité de déclarer que, depuis, *je n'ai pas eu un seul accident*, et que j'ai soigné par la préparation de M. Déclat *plus de cinquante garçons bouchers* avec succès. » En me transmettant une copie de ce rapport, M. le Directeur général de l'agriculture voulut bien y joindre une lettre de sa main, dont les termes trop flatteurs pour moi m'ont empêché de la communiquer à l'Académie, mais devant les résistances aveugles ou passionnées qu'éprouve encore la médication phéniquée, et surtout son auteur, je crois devoir d'autant plus faire taire mes scrupules, que M. le Directeur n'est pas moins connu, dans son administration et dans les autres, par son austérité et sa sévère justice, que par son affabilité et sa bienveillance extrêmes. Voici donc la lettre de M. le Directeur général qui accompagnait l'envoi du rapport de M. Rouillard :

« Paris, 12 novembre 1870.

» Monsieur,

» Je m'empresse de vous adresser la copie certifiée d'un rapport que j'ai reçu ce matin de M. Rouillard, inspecteur de l'abattoir de Grenelle.

» Il a trait aux cas de charbon qui se sont produits à l'abattoir sur les hommes que vous avez traités et guéris d'une manière si heureuse et si prompte.

» En vous félicitant de ces résultats, je dois, au nom de l'administration, vous remercier de vos soins désintéressés et du dévouement absolu dont vous avez donné tant de preuves.

» La reconnaissance des hommes que vous avez sauvés d'une mort presque certaine sera sans doute votre meilleure récompense. Permettez-moi d'y ajouter le témoignage de ma gratitude personnelle et de ma sincère estime.

» Veuillez agréer, monsieur, etc.

» *Le Directeur de l'agriculture,*
» LEFEBVRE DE SAINTE-MARIE (1). »

(1) En regard de ce précieux témoignage d'un Français aussi distingué par l'aménité des formes que par la droiture du cœur et l'énergie du patriotisme, je crois

Nous nous bornerions à l'exposé des faits et au témoignage qui précède, pour démontrer l'efficacité de notre méthode de traitement contre la pustule maligne, si d'honorables confrères, exerçant sur un des grands théâtres de la pustule maligne, n'étaient venus, dans deux mémoires successifs, contester tout diagnostic qui n'aurait pas pour base l'inoculation. Voici en quels termes ils s'expriment : « *Une seule* voie est ouverte, avons-nous dit, pour résoudre *tous* ces problèmes » — dont plusieurs, par parenthèse, n'ont rien à démêler avec l'inoculation — « c'est d'opérer l'inoculation aux animaux de toutes les variétés de pustules malignes qu'on peut, ici et ailleurs, rencontrer dans la pratique. » Nous ne traiterons pas, ici, dans son ensemble, la question de l'inoculation dont nous avons dit précédemment quelques mots, et que nous aurons à examiner longuement, à propos du charbon des animaux. Nous nous bornerons donc à ce qui est indispensable pour établir la valeur de nos observations, et pour montrer le peu d'importance que MM. Maunoury et Salmon attachent eux mêmes à leur principe, quelque absolue que paraisse la façon dont ils le posent. Il y avait, du reste, une excellente raison pour qu'ils n'y fussent point fidèles, c'est que ce principe est tout simplement d'une application impossible : exiger, pour la solution de *tous les problèmes* que peut soulever l'étude des affections charbonneuses,

devoir placer celui, tout aussi honorable pour moi, d'un Prussien de la faculté de Paris, non moins distingué par toutes les qualités contraires. Au moment où je commençais ma lecture à l'Académie des sciences, et avant même que j'eusse résumé cinq lignes de mon travail, M. Würtz, doyen de la faculté de médecine de Paris, qui se trouvait à une faible distance de moi, s'écria, assez haut pour que j'aie pu l'entendre très-distinctement : « *Ah! c'est de* LA BLAGUE ! » La pensée d'aller appliquer à M. Würtz un argument que les Prussiens aiment peu me traversa l'esprit comme un éclair ; mais je la repoussai aussitôt, pensant que l'honorable souteneur des Prussiens et des Prussiennes pendant le siège de Paris renierait ses paroles, comme il renia, dans le temps, devant le Sénat, ses convictions scientifiques, et que je serais encore la victime de ma juste indignation. Je continuai donc impassiblement mon exposé, me réservant, pour toute vengeance, de faire connaître au public l'urbanité qu'on pratique et le français qu'on parle a la faculté de médecine de Paris. Il est vrai, je le répète, que ce français est celui d'un Prussien. L'histoire des titres de M. Würtz a la reconnaissance du roi Guillaume et de son directeur politique, le prince de Bismark, sera, je l'espère, publiée un jour ou l'autre. Je lui réserve une place d'honneur dans la troisième édition de cet ouvrage, et j'en donnerai, au besoin, les prémices à mes lecteurs, si d'autres ne publient pas l'histoire avant moi.

l'inoculation de *toutes* les variétés de pustules qu'on peut rencontrer dans *toutes* les localités, c'est déclarer par avance insolubles tous ces problèmes. Mais les auteurs tiennent si peu, au fond, à leur principe, qu'ils ne l'ont pas même respecté eux-mêmes, autant qu'ils l'auraient pu, et peut-être même dû, ne fût-ce que pour sauvegarder leur honneur de logiciens ; il paraît, par malheur, tout le long de leur travail, que ce n'est pas celui auquel ils tiennent le plus. M. Maunoury, par exemple, n'attend pas longtemps pour déserter son drapeau : dès sa première observation, il parle d'un cheval qui « est atteint d'une tumeur *charbonneuse énorme* au ventre, cheval *qui guérit* après de nombreuses cautérisations, » et dont la maladie, quoique diagnostiquée sans le secours de l'inoculation, ne laisse pas le moindre doute dans l'esprit de M. Maunoury. Non seulement il ne doute pas de la nature charbonneuse de la maladie, mais « *il n'est pas douteux* » pour lui, que « le *charbon* du cheval ait été le résultat d'une inoculation produite par la piqûre d'une mouche qui avait puisé le virus sur le cadavre d'un mouton mort du sang de rate, » et non loin duquel le cheval avait été attaché pendant une heure environ. M. Maunoury ajoute même, pour compléter l'édification du lecteur, que « ces faits *ne sont pas rares* en Beauce ; » et il conclut, chose plus difficile à comprendre, de ces faits d'inoculation par une mouche, que « c'est donc la *fièvre charbonneuse* spontanée qui apparaît, dans la majorité des cas, chez les animaux domestiques. »

Non-seulement M. Maunoury ne doute pas de la justesse de son diagnostic chez le cheval dont il vient d'être question, mais, dans le travail qui lui est commun avec son confrère Salmon, il ne doute pas davantage, ni son collaborateur, des diagnostics portés par son oncle, *quelque quarante ans* auparavant ; il emprunte à cet oncle, « *pour établir les vrais caractères de la pustule maligne,*» 14 observations dont *douze* se sont terminées par la guérison, mais dont *pas une n'a été diagnostiquée par l'inoculation!* Il faudrait citer les deux mémoires tout entiers des deux honorables confrères, si l'on voulait relever toutes leurs contradictions, contradictions aggravées par une assez grande confusion et incorrection de langage, comme s'ils voulaient montrer, par là, que leurs principes ne se prêtent pas à une grande netteté d'exposition. De leur double travail, ils concluent « que les erreurs de diagnostic doivent être *extrêmement communes* à propos de la pustule maligne, » et ils le prouvent en avouant qu'ils ont pris, non pas pour des pustules malignes ce qui ne l'était pas, seule chose importante au point de vue de la valeur des observations de guérison, mais pour des maladies sans importance « *certaines éraillures insignifiantes* » de l'épiderme, qui n'étaient autres que de véritables pustules malignes — qui n'avaient, par conséquent, que l'apparence d'insignifiante. — **Nous** croyons qu'après avoir été fort indulgents, peut-être trop, pour M. Maunoury l'oncle, les honorables auteurs sont un peu trop sévères pour tout le monde; il nous est difficile d'admettre, en effet, que des praticiens tant soit peu attentifs, exerçant dans un pays où les pustules malignes sont très-fréquentes, puissent commettre des erreurs « *extrêmement fréquentes.* » Les caractères de la véritable pustule maligne que MM. Maunoury et Salmon ont eux-mêmes tracés ne sont pas, en effet, d'une constatation bien difficile, et, à supposer que ces caractères réunis puissent exister quelquefois — chose encore assez douteuse — dans des affections qui ne seraient pas charbonneuses, il est certain que ce n'est là qu'un fait exceptionnel, qui pourrait bien jeter quelques doutes sur un cas isolé de maladie à forme charbonneuse, mais qui ne saurait jamais infirmer le diagnostic d'un groupe tout entier de cas, pris dans leur ensemble, sans choix ni exception, et tels qu'ils se sont présentés à l'observateur. Si l'on peut ajouter à cette condition et à la considération des symptômes physiologiques et physiques, cette autre constatation, que tous les faits se sont produits précisément dans les seules circonstances étiologiques où se développe la pustule maligne, on aura réuni tout ce qui est nécessaire à un diagnostic certain, quant à l'ensemble. Est-ce là un diagnostic exclusivement pratique, ou bien un diagnostic à la fois pratique et scientifique? Pour nous, nous ne saurions distinguer l'un de l'autre, et nous n'aurions pas posé la question, si elle ne l'avait été déjà par un honorable observateur, qui exerce aussi sur le théâtre de la pustule maligne, et qui n'a fait, en y répondant, que partager une erreur fort générale encore, mais qui l'était bien d'avantage, il y a quelques années :

« Tout en admettant, dit M. Raimbert, l'importance de l'inoculation, au point de vue de la détermination scientifique de la nature de la pustule maligne, nous ne pouvons lui accorder ni une portée ni une confiance aussi absolues. Des observations que nous avons publiées prouvent, en effet, que des pustules malignes de dimensions fort différentes, et plus ou moins éloignées par leurs caractères physiques de la description précédente, ont occasionné la mort des animaux qui *en* ont été inoculés. Nous voyons même les médecins distingués dont nous venons de parler » — c'est-à-dire MM. Maunoury et Salmon — « échouer dans l'inoculation à un mouton et à un lapin, d'une pustule virulente au plus haut degré. L'inoculation n'a donc qu'une valeur relative.......,..
..... Cette opération ne peut être qu'un moyen d'investigation et d'étude, et non un procédé pratique de diagnostic. » (Raimbert, *Nouv. Dict. de méd. et de chir. prat.*, art. *Charbon*.)

M. Raimbert, qui est un collègue de MM. Salmon et Maunoury, dans la Société d'Eure-et-Loir, ne marche que d'un pas très-réservé dans « la voie ouverte par M. Ricord, » voie suffisamment bouleversée, il y a déjà trente ans passés, par le premier qui l'a explorée avec quelque attention, pour que personne n'ait pu s'y risquer depuis impunément. M. Raimbert aurait été tout à fait dans le vrai si, au lieu de dire que l'inoculation n'est pas un procédé *pratique* de diagnostic, il avait dit que l'inoculation est *un des moyens* de diagnostic, qui peut être pratiqué chez les animaux entre eux et même de l'homme aux animaux, mais ne saurait jamais l'être de l'homme à l'homme, pour tout médecin qui ne veut pas faillir de la manière la plus grave, *la plus coupable*, à tous ses devoirs, et s'il avait ajouté, M. Raimbert, qu'*un diagnostic ne saurait jamais être pratique s'il n'est en même temps scientifique*. Il serait inutile d'insister davantage sur ce dernier point, puisque nous devons y revenir un peu plus loin; nous nous bornerons à ajouter :

1º Que les caractères de la maladie, observés sur les malades que nous avons guéris, étaient ceux qui ont été décrits comme appartenant à diverses formes du charbon de l'homme ou pustule maligne;

2º Que ces formes de maladie se sont présentées exclusiveb.

ment chez des hommes en contact avec des cadavres d'animaux atteints ou morts de charbon, circonstance de la plus haute importance, et sur laquelle, nous ne savons pourquoi, ceux qui écrivent sur le diagnostic de la pustule maligne, sans en excepter MM. Maunoury et Salmon, n'insistent pas du tout. Cette circonstance s'est présentée de la manière la plus frappante chez les nommés Maire et Rapaille qui, tous deux, ont *travaillé* le même bœuf, l'un la veille, l'autre le lendemain, et qui, tous deux, ont contracté la même maladie ; seulement, l'un, traité par les moyens classiques, est mort; l'autre, traité par la nouvelle méthode, est guéri ; voilà la seule différence. Or, il nous semble que cette circonstance du développement de la maladie, chez des individus qui manient des animaux charbonneux et quelquefois le même aninal, suffirait presque, à elle seule, pour fixer le diagnostic. Comment admettre qu'au milieu d'une population concentrée comme celle de Paris, une seule catégorie d'individus soit atteinte d'une maladie qui présente les caractères de la pustule maligne? que cette catégorie se trouve précisément, *seule*, placée dans les conditions où la pustule maligne se développe constamment, et que, sous ses apparences, ce soit une autre maladie qui se développe! Comme nous l'avons déjà dit, cela se concevrait, à la rigueur, pour un cas isolé ; cela *n'est pas admissible* pour un ensemble de cas comme ceux que nous avons observés, M. l'inspecteur Rouillard et moi. Notre diagnostic nous paraît donc, dans son ensemble, à l'abri de toute contradiction sérieuse.

Il ne nous paraît guère plus possible de contester l'efficacité de notre traitement, à moins de le contester par les arguments tout à fait prussiens du prussien Würtz. Lui seul et ses pareils pourraient admettre que, des neuf malades que j'ai observés, le hasard a pu faire que deux, traités par les moyens routiniers, sont morts, et que sept, traités par la médication phéniquée, ont tous été guéris, sans parler même des cas beaucoup plus nombreux traités de même par M. Rouillard. Nous ne devons donc pas craindre de nous abuser en croyant et en soutenant que la supériorité de notre médication est non moins incontestable que la certitude de notre diagnostic.

§ II. — *Du charbon chez les animaux.*

A. — *Nature, Étiologie.* — Nous n'avons pas à répéter que les maladies désignées sous les noms de *charbon* ou de maladie de sang chez le bœuf, de *sang de rate* chez le mouton, de *fièvre charbonneuse* chez le cheval et de *pustule maligne* chez l'homme, ont été reconnues n'être qu'une même maladie, due à un même virus ou, pour parler plus clairement en même temps que plus exactement, à un même parasite. L'importance spéciale de la maladie chez l'homme exigeait une étude spéciale ; mais on peut sans inconvénient, et même avec avantage à certains égards, comprendre dans une seule description la maladie des trois autres espèces domestiques que nous avons nommées, les seules qui intéressent à un haut degré l'agriculture et l'hygiène publique.

C'est chez les animaux, avons-nous dit, que l'étiologie du charbon soulève des questions nombreuses, compliquées, difficiles et importantes pour la nosologie et la thérapeutique. Toutefois, ces questions ne portent plus guère, depuis quelque temps, que sur les causes secondes ; grâce aux observations de Delafond, étendues, sinon tout à fait complétées encore, par M. le docteur Davaine, les maladies charbonneuses sont à peu près généralement attribuées à la présence d'une espèce de parasites animaux, désignés par M. Davaine sous le nom de *bactéridies* (1). Ces parasites ont été aujourd'hui constatés par un assez grand nombre d'observateurs ; et tout nous porte à croire que ce sont eux que nous avons constatés dans un des cas de pustule maligne que nous avons rapportés ci-dessus, d'autant plus qu'ils coïncidaient avec une altération des globules du sang qui a été également constatée dans le sang des animaux charbonneux. Voici comment le savant professeur Baillet décrit ces deux altérations du sang dans le remarquable rapport qu'il a rédigé sur sa mission d'Auvergne ; ces altérations étaient les

---

(1) M. Davaine a donné à ces microzoaires le nom de *bactéridies*, pour les distinguer des *bactéries* qui se développent dans les infusions organiques et le sang altéré. Celles-ci sont mobiles, tandis que celles du sang des animaux charbonneux sont presque toujours, sinon toujours, immobiles.

                    DE L'ACIDE PHÉNIQUE.

mêmes dans le sang de la jugulaire et dans celui de la rate :

« Les globules sont altérés dans leur contour; la ligne qui les dessine n'est plus nette ; elle est comme irrégulièrement déchiquetée. Ce liquide renferme des bactéridies en grand nombre. Celles-ci sont sous forme de petits corps linéaires, droits, limités par deux lignes dont l'une est le plus souvent plus épaisse que l'autre. Ils sont si nombreux qu'ils s'entre-croisent en différents sens, et dessinent dans le champ du microscope un réseau de figures variées. Quelques-uns d'entre eux affectent la forme de lignes brisées. Ces bactéridies ne sont pas toutes de même longeur ; j'en ai mesuré quelques-unes, qui offrent les dimensions suivantes :

» Longueur : 0^{mm}0058 ; — 0.0076 ; — 0.0116 ; — 0.0130 ; — 0.0154 ; — 0.0214.

» Épaisseur : de 0^{mm}0006 à 0^{mm}0007 environ. » (BAILLET, *Rapports publiés par le ministère de l'agr. et du com.* Paris, 1870, chez Victor Masson.)

Ainsi que nous l'avons dit, ces myriades de bactéridies ont été généralement considérées comme la cause immédiate des affections charbonneuses. Cependant un des membres qui a fait, une fois, partie de la même commission que M. Baillet, chargée d'étudier le *mal de montagne*, en Auvergne, M. A. Sanson, ne crut pas devoir partager, sous ce rapport, l'opinion de tout le monde, et après avoir examiné le sang de trois animaux charbonneux, où il ne trouva pas, assure-t-il, de bactéridies, il jugea à propos de pondre une théorie chimique qui, à défaut d'autre mérite, a du moins celui de l'originalité. Comme nous devons décliner notre compétence en matière de chimie transcendante (1), nous allons reproduire les termes dans lesquels une revue, qui ne manque pas de bienveillance pour M. Sanson, rend compte de la façon dont fut accueillie sa théorie à l'Académie des sciences, où elle fut annoncée par M. Bouley :

---

(1) Sans prétendre à aucune compétence sur une pareille question, nous savons seulement qu'on ne trouve encore dans aucun livre de chimie l'analyse élémentaire de la diastase et sa composition atomique. Il est donc probable que M. Sanson a commencé par déterminer cette composition, pour s'assurer de la réalité de la transformation de {l'albumine; mais il est si modeste, qu'il a oublié de le dire.

« Quelle serait donc la cause de la maladie charbonneuse ?
Voici, suivant M. Bouley, la doctrine émise par M. Sanson :

» Le plasma du sang charbonneux subirait une modification
en vertu de laquelle son albumine passerait à l'état de diastase,
et pourrait transformer, dans les conditions ordinaires, l'amidon en glucose. Cette modification n'est pas d'ailleurs propre
à la maladie charbonneuse ; elle se produit — toujours d'après
M. Sanson — dans le sang extrait des veines d'un animal sain
et abandonné à la putréfaction dans un tube fermé. En sorte
que le charbon n'est qu'une fermentation putride. L'inoculation
du sang putride communiquerait le charbon tout aussi bien que
le sang provenant d'un animal charbonneux.

» M. Dumas, dont on connaît la discrétion quand il s'agit
d'intervenir dans les discussions académiques, crut *nécessaire*
d'engager M. Bouley à retrancher de sa communication la théorie de l'albumine. « *Il ne faudrait pas*, dit-il, *autoriser le public*
» *à croire que les chimistes de l'Académie peuvent laisser passer,*
» *sans les relever, des idées de ce genre* sur l'albumine et la dias-
» tase. » M. Bouley répondit, pour toute justification, qu'il
n'avait fait qu'analyser l'opinion de M. Sanson. Personne ne
doutait de l'exactitude de l'analyse de M. Bouley (1), et M. Du·
mas ne se plaignait que de sa trop grande complaisance.

(1) Quand nous parlons de l'exactitude de l'analyse de M. Bouley, nous entendons seulement l'exactitude du sens; mais quant à l'ensemble, sens et forme,
M. Sanson n'est pas analysable; il n'y a qu'une façon de s'en faire une idée, c'est
de lire. Nous avons eu cette bonne fortune et nous voulons la faire partager à nos
lecteurs; quand M. Dumas aura lu ce morceau, alors seulement, il pourra nous
parler en vraie connaissance de cause de la chimie transcendantale de M. Sanson :
Voici donc les propres termes de ce chimiste-économiste-naturaliste-zootechni-
cien, qu'on peut lire aux folios 26 et 27 du rapport officiel rédigé par la commission dont M. Bouley était le président.
« A l'autopsie, tous les *signes* du sang de rate se montrèrent. L'examen microscopique du sang ne put être fait. Dans ce moment nous n'avions plus de
microscope à notre disposition. *Mais* il fut l'objet » — pas le microscope
cependant — « de l'analyse chimique immédiate, d'après une méthode instituée
par le rapporteur. » —Rien que cela, entendez-vous bien : une *méthode d'analyse
chimique instituée* par le rapporteur! On voit que, si cet incomparable rapporteur
avait voulu répliquer à M. Dumas, celui-ci n'aurait pas été à la noce. Heureusement, pour celui-ci, que le rapporteur n'a pas été adversaire moins généreux que profond chimiste. Revenons à sa prose.
« Le sérum de ce sang, traité par de l'alcool à 90°, dans un tube fermé, se
précipita dans la forme pulvérulente. Le précipité recueilli fut mêlé en petite

Depuis la communication de M. Bouley et la remarque de M. Dumas, il y a de cela plus de trois ans, M. Sanson a jugé à propos de ne plus exhiber sa fameuse théorie chimique; en sorte que la doctrine parasitaire du charbon ne paraît plus avoir grand'-chose à en redouter, d'autant plus que M. Davaine a démontré expérimentalement à nouveau ce que des expériences antérieures avaient démontré depuis longtemps, c'est que l'inoculation et même l'injection dans les veines de sang putréfié donnaient bien lieu à une infection putride, mais non à un charbon, ni même à une fièvre typhoïde ou à une fièvre purulente, comme le croient encore quelques médecins et quelques physiologistes beaucoup moins ignorants que M. Sanson. Nous croyons inutile de défendre davantage la doctrine parasitaire contre ce grand

quantité, après évaporation de l'alcool à l'air, à une dilution d'empois d'amidon, qu'on abandonna à la température ordinaire. Il y provoqua la transformation en glucose, manifestée après vingt-quatre heures, par l'essai du réactif de Barreswill. Ces réactions obtenues dans tous les cas semblables, antérieurement et postérieurement à celui qui vient d'être détaillé, indiquent » — attention, voici la fameuse théorie qui émerge du cerveau de Jupiter — « que l'albumine du sang a subi la modification isomérique ou la métamorphose qui la fait passer à l'état de diastase ou ferment glucosique, et *qui explique* PARFAITEMENT *tous les phénomènes* qui se produisent ensuite. Au delà d'un certain degré de cette métamorphose qui n'a rien encore de bien défini en chimie, si ce n'est la faculté d'agir sur l'amidon pour le transformer d'abord en *dextrine*, puis en *glucose*, les propriétés qu'elle fait acquérir au plasma du sang le rendent incapable désormais d'entretenir la vie. *Elle* se produit d'ailleurs de même absolument dans le plasma extrait, *sur* un animal vivant et en santé, des vaisseaux sanguins, et abandonné à lui-même dans un vase inerte, où il subit la modification connue sous le nom de fermentation putride, ainsi qu'il en sera donné plus loin une preuve expérimentale. » — **Et** dire qu'il y a des gens qui croient sérieusement que Sganarelle est mort! **Mais** lisez donc **M. Sanson:**

« *Dès ce moment,* » — pas auparavant, entendez-vous bien, MM. Baillet, Bouley et consorts, *dès ce moment,* du moment de l'enfantement de la théorie sans pareille — « dès ce moment, il a été bien difficile de ne pas considérer comme démontré qu'on avait affaire à la maladie charbonneuse. »

Et voilà pourquoi, *à partir de ce moment,* MM. Bouley, Baillet, Marret, Bonnet reconnurent qu'*il était bien difficile de ne pas considérer comme démontre qu'on avait affaire...* etc. Sans la fameuse théorie, la nature du *mal de montagne* demeurait inconnue. On voit si la chance des commissaires a été grande de posséder M. Sanson parmi eux, et de l'avoir à la fois pour flambeau et pour interprète. Disons en passant que le rapport que M. Bouley a dû revêtir de sa signature se compose de quelques centaines de pages comme celle qu'on vient de lire. L'administration a l'habitude de faire insérer au *Journal officiel* les rapports officiels qui lui sont faits. Ainsi a-t-elle voulu faire de celui qui renferme l'immortelle théorie ; mais elle n'a pas pu trouver un portefaix assez vigoureux pour le porter sur ses épaules, et elle a reculé devant la dépense d'un camion.

chimiste; tant qu'elle n'aura pas d'autres assaillants, les centaines d'observations de M. Davaine, — car il en a fait plusieurs centaines,—suffiront à la préserver d'un écroulement. Le circonspect et bienveillant M. Baillet a bien voulu, cependant, se montrer ébranlé par la chimie transcendante de son confrère. Toutefois, comme l'examen microscopique du sang où l'on n'avait pas trouvé de bactéridies, avait été fait par M. Sanson, après le départ de M. Baillet, que M. Sanson pouvait être aussi expert micrographe qu'excellent chimiste et anatomiste éminent (1), M. Baillet crut devoir renouveler ses observations pendant la seconde mission qu'il remplit l'année suivante; elles ne firent que confirmer les premières, en les enrichissant de quelques faits nouveaux, qui sont d'un grand intérêt soit en eux-mêmes, soit sous le rapport de la curation du charbon et de la doctrine parasitaire. De concert avec M. Marret, vétérinaire distingué d'Allanches, en Auvergne, et membre de la commission du *mal de montagne*, M. Baillet examina le sang de cinq vaches qui avaient succombé au mal, sur trois montagnes différentes (2 à la montagne dite *Grand-Bos*, 2 à *Gromont*, et 1 aux *Chaulères*), et dans les cinq cas, il trouva des bactéridies en grande abondance. Non content de cette confirmation de ses premières recherches, il fit à son retour à l'école d'Alfort, en collaboration avec son collègue, M. Reynal, une série d'expériences sur le charbon inoculé, dans lesquelles il put examiner le sang charbonneux de 1 cheval, de 6 moutons et de 30 lapins, et dans *tous ces cas*, il constata la présence de bactéridies plus ou moins nombreuses et très-nettement caractérisées, ce sont les expressions de M. Baillet : « Si je devais m'en rapporter uniquement à mes observations, ajoute ce modeste et savant expérimentateur, je serais encore

(1) Outre les preuves qu'on trouvera plus loin de tous ces grands talents possédés par M. Sanson, nous croyons devoir en donner, ici, une à la portée de tout le monde ; elle est relative à la connaissance approfondie qu'a M. Sanson de l'acide phénique : « .... De son côté, dit ce chimiste consommé, M. Lienhard préconise l'acide phénique impur, *dit* acide carbolique! » (Journ *la Culture*, 1er nov. 1859.) C'est sans doute dans la chimie nouvelle et transcendante de M. Sanson que l'acide phénique impur *est dit* acide carbolique, car dans toutes les chimies vulgaires, acide phénique et acide carbolique sont absolument synonymes ; la dénomination de carbolique proposée par l'inventeur Runge, est d'ailleurs la seule adoptée en Angleterre et à juste titre. (Voir ci-dessus, p. 2.)

autorisé à dire, en 1869 comme en 1868, que la maladie charbonneuse que l'on connaît en Auvergne sous le nom de mal de
montagne est caractérisée par la présence de bactéridies dans
le sang. Mais les observations de M. Sanson subsistent, et je
n'hésite pas à reconnaître qu'elles sont de nature à m'imposer,
jusqu'à nouvel ordre, quelque réserve dans l'énoncé de cette
conclusion. » (Rapport cité, p. 60.)

Oui, sans doute, les observations de M. Sanson existent,
comme existent ses observations chimiques, comme existent
ses observations anatomiques — qu'on trouvera un peu plus
loin — comme existent aussi les observations de Sganarelle,
lesquelles plaçaient le cœur à droite, le foie à gauche ; mais
contre ces observations on n'est obligé de défendre ni la chimie de Gerhardt ou de Berthelot, ni l'anatomie de Cuvier ou
de Vic-d'Azyr, ni même la doctrine parasitaire.

Quant aux autres faits nouveaux constatés par M. Baillet, en
collaboration avec M. Reynal, mais moins nettement exposés,
toutefois, que les précédents, les voici : chez *tous* les animaux
qui succombent au charbon, les bactéridies ne se développent,
en général, que peu d'instants avant la mort. Les expériences
sur lesquelles cette observation est établie ne sont pas, nous
le répétons, exposées avec des détails suffisants ; mais il résulte cependant de la lecture attentive du texte très-soigné de
M. Baillet, que ces expériences ont dû être assez nombreuses
et précises ; on peut donc considérer le fait comme exact,
malgré le léger lapsus que nous avons fait ressortir par des
italiques.

Un autre fait qui résulte du texte de M. Baillet, c'est que,
si les bactéridies n'apparaissent que peu d'heures avant la
mort, elles sont précédées elles-mêmes de corpuscules de
forme quasi arrondie, car ils sont presque aussi larges que
longs, et qui n'ont que les dimensions du petit diamètre des
bactéridies ; ces corpuscules semblent s'allonger çà et là, de
façon à représenter de petites bactéridies ; en sorte qu'ils paraissent vraiment être le germe ou le premier développement
des microzoaires ; M. Davaine a observé, de son côté, de semblables corpuscules.

Un autre fait, non moins important au double point de vue

de la doctrine médicale et de la thérapeutique, c'est que, si
toutes les inoculations faites avec un même liquide charbonneux ont rendu malades tous les animaux inoculés, elles ne
les ont pas tués tous; quelques-uns se sont remis; et l'on
devine bien que, dans l'esprit de M. Baillet, il ne s'est pas
développé, chez ces derniers, de bactéridies, mais seulement
des corpuscules bactéridiques ou bactérigènes, comme on
voudra.

Enfin, un dernier fait que M. Baillet a déduit de ses expériences, c'est qu'après les inoculations virulentes, quand les
premiers phénomènes morbides résultant de l'inoculation se
développent, il est absolument impossible de prévoir quels
sont ceux des animaux inoculés qui succomberont et quels
sont ceux qui se rétabliront. « Ce fait, ajoute judicieusement
M. Baillet, est important à constater, car il offre une analogie
frappante avec ce qui se passe dans les montagnes dangereuses
de l'Auvergne, où l'on voit des troupeaux entiers de vaches
en proie à un malaise qui se traduit à peu près par les mêmes
symptômes, et qui semble indiquer qu'au sein des pâturages,
comme dans les expériences d'inoculation, l'économie lutte
contre le principe morbifique d'où dérive le charbon. » (Rapport cité, p. 62.)

Les expériences de M. Baillet ont du reste un tel intérêt que
nos lecteurs, quels qu'ils soient, nous sauront certainement gré
de mettre sous leurs yeux les conclusions par lesquelles le
sage et consciencieux observateur les résume :

« Pour arriver au but que nous nous proposions d'atteindre,
dit-il, nous avons, à diverses reprises, inoculé en même temps
et avec le même sang des moutons et des lapins. Ces animaux
ont ensuite été observés avec une attention soutenue; on a
noté le moment où chacun d'eux a paru devenir malade, et
de temps à autre on leur a tiré quelques gouttes de sang que
l'on a examinées au microscope immédiatement. En outre,
chaque fois que l'on a pris du sang, une partie de ce liquide
a servi à inoculer un ou plusieurs animaux que nous avons
soumis à cette série d'expériences.

» 1º Pendant un temps qui a varié entre 22 et 26 heures
pour les lapins, et qui a été de 45 heures pour une bête ovine,

le sang ne nous a pas paru différer sensiblement, après l'ino-culation, de celui que nous avions examiné auparavant chez le même animal. Il en a été ainsi, non-seulement chez les ani-maux qui ont échappé à la mort, mais encore chez ceux qui ont succombé plus tard. Enfin, pour ces derniers, ils étaient déjà évidemment malades, que rien de caractéristique ne se faisait encore observer dans le sang. Dans quelques cas seule-ment, nous avons vu, vers la fin de la période qui nous occupe, quelques petits corps linéaires dans le sang des animaux qui sont morts plus tard, comme dans le sang de ceux qui, ayant été plus ou moins malades, se sont cependant rétablis. Jamais ces petits corps n'ont eu franchement sous nos yeux les carac-tères de véritables bactéridies.

» 2º Chez tous les animaux dont nous avons examiné le sang pendant la vie, et qui ont succombé aux suites de l'ino-culation, à un moment donné, qui a précédé la mort de trois quarts d'heure à cinq heures chez les lapins, et de une heure trente-cinq minutes chez une bête ovine, nous avons vu appa-raître des bactéridies nettement caractérisées, d'abord rares et ensuite de plus en plus nombreuses, au fur et à mesure que l'on se rapprochait davantage de la mort.

» 3º Tous les animaux, au nombre de sept (quatre moutons et trois lapins), qui ont été inoculés avec le sang d'animaux vivants ne contenant point encore de bactéridies nettement caractérisées, sont restés parfaitement sains, bien que les sujets auxquels on avait pris le sang aient eux-mêmes suc-combé plus tard à la maladie.

» 4º Enfin, sur quatre lapins et deux moutons qui ont été inoculés du vivant des sujets qui ont fourni le virus, et alors que le sang contenait des bactéridies évidentes, quatre lapins et un mouton ont péri, et ont offert eux-mêmes, vers la fin de la vie et après la mort, des bactéridies dans leur sang. Le deuxième mouton, qui n'est pas mort, a néanmoins été ma-lade; mais, à aucune période de son existence, on n'a constaté de bactéridies évidentes dans le sang qu'on lui a tiré. »

Après ces belles expériences, si bien conçues, si rigoureu-sement exécutées, si simplement et si clairement exposées, avec quel sentiment de sympathie, avec quelle confiance ne lit-on pas les lignes suivantes, dans lesquelles l'auteur les résume, d'une manière, suivant nous, trop modeste et trop réservée :

« Ces expériences, je le répète, sont bien loin d'être assez nombreuses, pour que j'ose en tirer des conclusions absolues, et je ne désire rien tant que d'avoir occasion de les reprendre, de les multiplier et de les répéter dans des conditions variées. Néanmoins, telles qu'elles sont, elles sont favorables à l'opinion de M. *Davaine*, qui considère les bactéridies comme les agents essentiels de la transmission du charbon. On comprendra sans peine, d'après cela, que j· me sois inspiré dans mes recherches en Auvergne, et dans mes investigations ultérieures, de cette opinion qui concorde si bien avec les résultats de mes études et de mes observations. » (Rapport cité, p. 64.)

Espérons que l'occasion désirée par M. Baillet de reprendre ses expériences lui sera offerte, ce que nous souhaitons vivement pour notre compte, non pas tant encore pour achever la démonstration de la doctrine parasitaire, en ce qui concerne le charbon, démonstration qui laisse, à notre avis, peu de chose à faire, mais pour éclairer d'autres questions d'étiologie, sur lesquelles nous allons revenir et de la solution desquelles nous semble dépendre l'extirpation d'un des principaux fléaux de l'agriculture. Avant d'aborder ces graves questions, disons un mot seulement d'une opinion dont les partisans ne nient point, avec le chimiste transcendant que l'on sait, l'existence des parasites, mais qui se plaisent à considérer, avec l'honorable rédacteur en chef de la *Gazette médicale de Paris*, ces parasites comme la conséquence et non comme la cause des maladies où on les observe. Ces adversaires ne sont pas, comme les chimistes transcendants, entièrement à dédaigner; leurs arguments ne laissent pas que de présenter quelque chose de spécieux. Nous ne croyons pas nécessaire, cependant, de les réfuter ici d'une manière spéciale, après ce que nous en avons dit dans notre introduction : leur doctrine, si doctrine il y a, est générale, et il doit suffire d'avoir montré une fois, d'une manière générale aussi, que c'est une doctrine à contre-sens, consistant, au fond, à supposer que les bœufs marchent parce qu'ils sont attelés à la charrue, au lieu d'admettre, avec le commun des martyrs, que la charrue avance parce que les bœufs la traînent.

Les maladies charbonneuses doivent donc être attribuées à la présence de parasites dans l'organisme; c'est un fait qu'on peut désormais considérer comme constant; ces parasites sont ce qu'en langage d'école on appellerait la cause *prochaine* du charbon. L'intérêt des idées que nous défendons nous permettrait de nous arrêter là, et de passer immédiatement à l'exposé de notre traitement et à la discussion des faits qui en démontrent l'efficacité. Nous ne le ferons pas, cependant, parce que nous croyons que les causes éloignées ne sont pas moins nécessaires à connaître pour arriver à l'extinction du fléau, et qu'on arrivera à les connaître, c'est notre conviction profonde, quand les savants voudront ouvrir une vaste enquête rationnelle, longuement méditée d'avance, et que les gouvernements, au lieu de travailler à l'accroissement des plaies sociales, voudront bien se résigner à faire quelques efforts pour les cicatriser.

Donc, le parasite est présent dans le charbon; mais d'où vient-il? voilà ce qu'il n'importe pas moins de savoir.

Suivant M. Davaine, il vient constamment d'un autre animal charbonneux, qui s'est trouvé en contact avec l'animal actuellement malade, ou qui a répandu sur le sol le fatal parasite. Il est regrettable qu'un chercheur aussi actif que M. Davaine, et à qui la médecine est si redevable, s'obstine à soutenir une pareille opinion. Le charbon est contagieux, on ne l'a déjà que trop vu pour l'homme, et nul (1) ne le nie; mais que la contagion soit la seule cause de son développement, c'est une erreur que démontrent des faits innombrables; le fait suivant suffirait, à lui seul. Dans les localités de l'Auvergne où règne le charbon, les montagnes (qui ne sont souvent que des collines) réputées *dangereuses* sont parsemées pêle-mêle au milieu des autres, et même un des versants de la colline peut être ravagé par la maladie, tandis que l'autre est complétement épargné. « Le plus souvent, dit M. Baillet, il arrive que les pâturages les plus

---

(1) Nous croyons pouvoir négliger l'existence du Dr Pigeon et d ses camarades. Le temps es' passé ou l'on doit compter pour quelqu'un les *philosophes* qui nieraient la lumière et le mouvement.

dangereux touchent à d'autres qui sont entièrement sains. La montagne de *Chaulères*, où plus de la moitié du bétail a succombé l'année dernière, et où, cette année, l'on avait déjà perdu, vers la fin du mois de juin, quinze bêtes sur cent trente, n'est séparée de la *Loubeyre*, où les pertes sont nulles, que par la crête du partage des eaux. » (Rapport cité, p. 13). Les exemples comme le précédent abondent dans l'excellent travail de M. Baillet; mais ce serait vraiment perdre inutilement du temps que de les citer tous ici. Ces exemples ne s'observent pas seulement en Auvergne; on les remarque partout où règnent les affections charbonneuses : en Beauce, au milieu de cantons ravagés par le charbon, on trouve des communes ou même de simples fermes où la maladie n'a jamais été observée. (Voir entre autres documents les *extraits des rapports au conseil général*, par le préfet d'Eure-et-Loir, 1860 et 1861.) Ce sont des faits de cette catégorie qui ont pu faire nier la contagion à quelques esprits vivant dans un horizon très-restreint, e parmi lesquels il est très-regrettable de compter M. Verrier. Mais l'erreur contraire à celle des non-contagionnistes n'est pas beaucoup plus concevable, et ne l'est pas du tout de la part d'un esprit aussi sérieux que M. Davaine. Ce qui est vrai, c'est que la contagion du charbon ne s'exerce jamais ou presque jamais à distance, et qu'il faut, pour le contracter, le contact des matières contagieuses; l'observation attentive avait déjà démontré ce fait; les expériences *ad hoc* de la Société d'Eure-et-Loir l'ont mis hors de toute contestation.

Ce qui est vrai du charbon de l'homme ne l'est donc pas du charbon des animaux : chez ces derniers, la maladie se développe le plus habituellement d'une manière spontanée, en donnant au mot spontané la seule signification raisonnable qu'il puisse avoir, c'est-à-dire développement de la maladie sans que le sujet (homme ou animal) qui en est atteint se soit trouvé en contact médiat ou immédiat avec un autre animal atteint de la même maladie. Mais si les animaux ne prennent pas habituellement le germe de la maladie au contact d'autres animaux malades, où le prennent-ils? Ici, commence le chaos, chaos qui s'est déjà dissipé en partie, et qui se dissipera tout à fait, nous en avons la conviction profonde, si les savants et l'administration veulent bien suivre les conseils que nous nous permettrons de leur donner.

Il y a plus de vingt ans qu'un honorable vétérinaire de Niort, M. Plasse, fait des efforts aussi persévérants qu'énergiques, pour prouver que les maladies charbonneuses sont dues à des végétaux cryptogames, qui s'introduisent dans l'économie par les fourrages avariés donnés aux animaux ou, pour mieux dire, par des fourrages malades eux-mêmes, car ils sont déjà ou, du moins, seraient déjà le plus souvent, malades et dangereux, suivant M. Plasse, quand ils sont encore sur pied ; chez l'homme ce sont les farines et les conserves qui renferment les cryptogames morbigènes. Cette opinion est ce que M. Plasse a longtemps appelé *sa doctrine cryptogamique* (1), et ce qu'il appelle aujourd'hui sa doctrine *parasitaire microphyte*, sans doute pour se mettre en harmonie avec le langage nouveau, sinon avec la doctrine parasitaire, telle que les faits nouveaux paraissent la devoir établir d'une manière définitive. Que M. Plasse n'ait pas réussi à la faire accepter, depuis plus de vingt ans qu'il s'efforce de la répandre par tous les moyens dont il peut disposer, il n'y a rien là de bien étonnant ; de plus forts que lui ont échoué en de pareilles entreprises ; mais qu'aucune de ces commissions, qui dépensent si volontiers en vin de Champagne les deniers de l'État, n'ait pas même conseillé à l'administration de faire vérifier les faits importants annoncés par M. Plasse, et recueillis par lui, non sans frais, cela est au moins bien regrettable, si ce n'est pas étonnant. Sans doute, M. Plasse manque de forme, ainsi que le lui a reproché M. Reynal, sous la plume de qui un pareil reproche n'était peut-être pas tout à fait à sa place ; sans doute l'honorable vétérinaire de Niort manque d'instruction et ignore souvent le sens des termes qu'il emploie ; sans doute, il n'a pas spécifié les microphytes auxquels il attribue toutes les épizooties ; sans doute, il tombe dans

(1) Cette doctrine ne s'applique pas, du reste, aux maladies charbonneuses seulement ; l'honorable vétérinaire rapporte à la même cause, à des végétaux cryptogames, toutes les épizooties et aussi toutes les épidémies : toutes les enzooties et toutes les endémies seraient au contraire dues à la composition mauvaise de certaines plantes alimentaires, composition due elle-même à la composition géologique du sol. On remédierait sûrement à cette composition, suivant M. Plasse, à l'aide de certains amendements.

un ridicule digne de pitié quand il déclare, avec plus de naïveté que de vanité, qu'il y a deux systèmes dans le monde, celui d'Hippocrate et le sien; sans doute, quand il veut se livrer à la discussion des théories médicales ou des doctrines philosophiques, il tombe dans des confusions inextricables; mais tout cela n'empêche pas qu'il n'y ait, au fond de tout le pathos de M. Plasse, une idée parfaitement nette et suivie : c'est que toutes les épidémies sont dues à une alimentation rendue malsaine par la présence de microphytes, et des faits invoqués parfaitement clairs, de la plus haute importance, et, qui plus est, très-faciles à vérifier. De ces faits, en voici quelques-uns.

« Aussitôt après les mauvaises récoltes de 1852 et 1853, j'ai annoncé les fâcheuses épidémies et les épizooties de 1853 et 1854. J'ai dit aussi, lors de l'arrivée à Niort de grandes quantités de farines venant de Rochefort et de La Rochelle : « La ville
» sera envahie et infectée par une épidémie; mais la commu-
» nauté des dames Maichain, qui cependant est située sur les
» bords de la rivière près des tanneries, n'aura pas de typhus,
» tandis que le 7ᵐᵉ lanciers, qui habite une caserne placée
» dans la partie la plus élevée de la ville, perdra de vigoureux
» soldats. »

« Sur cinq cents lanciers qui furent atteints du mal *que j'avais prédit,* quatre-vingts sont morts, et la communauté n'a pas perdu un seul typhoïque sur les cent personnes faibles qui composaient son personnel. Les premiers mangeaient des farines contenant des moisissures visibles à l'œil nu, et les religieuses consommaient des farines franches préparées par un honnête homme. »

Qu'y a-t-il de vrai, dans cette narration ? Une enquête l'aurait appris sans peine, comme elle nous édifierait, encore aujourd'hui, sur les faits suivants, bien autrement importants :

« ...... Nous avons fait disparaître ces maladies épizootiques du lieu habituel de leur naissance respective, en veillant à ce que les denrées en conserve ne se moisissent pas, de même que nous avons fait disparaître les maladies enzootiques, dont nous avons surpris la cause géologique, en portant des amendements sur les terrains qui donnent la propriété délétère aux plantes nutritives qui déterminent ces maladies.

» Les cultivateurs, soit par incrédulité, soit par incurie, nous ont souvent fourni de nombreux faits à l'appui de nos observations, soit en retournant aux restes de provisions morbides, soit aux pacages délétères, avant d'avoir pris les mesures préservatrices recommandées.

» Le retour des maladies par ces fausses manœuvres nous *ont* servi d'argument pour convaincre successivement les cultivateurs les plus intelligents des contrées qui étaient le plus souvent maltraitées.

» *De sorte que dans une douzaine de communes contiguës autour de Niort, on a pu faire disparaître pour toujours, par l'application de nos préceptes depuis une quinzaine d'années, les maladies qui depuis les temps les plus reculés décimaient les bestiaux.* »

Sans doute, en présence de pareils faits, la forme serait peu de chose, et les prétentions maladives aussi. Comment donc se fait-il qu'aucune commission officielle n'ait jugé utile, soit de conseiller à l'administration de les faire contrôler, soit de les contrôler elle-même, surtout quand celui qui les annonce ne paraît nullement demander à être cru sur parole, comme l'en accuse M. Reynal, dans un rapport, mais déclare, au contraire, à maintes reprises, qu'il se tiendra à la disposition de quiconque voudra venir s'assurer de l'exactitude de ce qu'il avance? Est-ce que la science des commissions et des commissaires serait, par hasard, assez avancée, assez positive pour juger, *à priori*, les questions étiologiques soulevées par M. Plasse? Est-ce que les rapporteurs, qui se plaignent de la forme et du défaut de précision de l'honorable vétérinaire de Niort, seraient irréprochables sous le rapport de la forme et de la précision? Hélas! qu'il y aurait à en rabattre, si telles étaient leurs prétentions! et, en vérité, on serait tenté de croire que telles elles sont en effet. Que dit, par exemple, M. Reynal dans un article où il avait cependant pour collaborateur M. Renault, la plus forte tête et la plus lettrée de l'école d'Alfort? « Nous venons de passer en revue les conditions *principales au milieu desquelles* se développent les maladies charbonneuses. Nous les avons trouvées dans l'état de la température, dans la constitution du sol, dans les émanations paludéennes et dans les altérations des fourrages. — Ces influences sont intimement liées les unes *avec* les autres; on ne peut les séparer pas plus dans leur mode d'action que dans leur mode de développement. » (*Nouv. Dict. de méd., de chir. et d'hyg. vétérin.*, art. Charbon.) *Mode de développement de l'influence chaleur, mode de développement de l'influence constitution du sol*, etc., pour un amant passionné de la forme, voilà des phrases qui ne sont pas assurément des modèles d'élégance et de clarté (nous ne parlons pas de la correction), et M. Reynal, comme M. Renault, s'il vivait encore, serait probablement assez embarrassé de nous dire ce que c'est que le *mode de développement de la température!* mais ces phrases sont bien moins irréprochables encore, au point de vue des idées qu'elles expriment. Pourquoi, lorsqu'on écrit, *ex professo*, l'histoire d'une maladie, passer en revue ses causes *principales* et non pas *toutes* ses causes ? MM. Renault et Reynal ne se sont probablement pas posé cette question ; ne se l'étant pas posée, ils n'ont pu songer à y répondre, et ils ont oublié, ainsi, d'observer ce précepte d'un orateur célèbre et passable écrivain : « *Il faut toujours pouvoir se rendre compte de ce que l'on dit quand on parle et de ce qu'on fait quand on agit.* » Eh bien, il est facile, sans y réfléchir bien longtemps, d'expliquer à M. Reynal et aux mânes de M. Renault, ce qu'ils ont dit quand ils ont écrit ces phrases banales mais équivoques : ils ont obéi à cette triste routine qui consiste à dissimuler l'ignorance, au lieu de l'avouer franchement, à voiler le vide des idées sous la nuageuse équivoque des mots, à suivre ce déplorable mais habile système éclectique, qui se plaît à voir la vérité un peu partout, ne pouvant la trouver nulle part. Ce système a fini son temps ; qu'il s'applique à la science des maladies, aux sciences naturelles, aux sciences physiques ou aux sciences morales, il est également détestable ; la diplomatie seule, tant qu'elle n'aura pas été remplacée par la morale internationale, sera son unique refuge. Ce système n'est pas plus juste, appliqué à l'étiologie du charbon, qu'à toute autre étiologie ou à toute autre connaissance : quand MM. Renault et Reynal disent qu'ils ont trouvé dans la température, dans la constitution du sol, etc., les *principales* causes du charbon, ils donnent à entendre, et c'est probablement leur intention, qu'il existe *probablement* plusieurs autres causes secondaires qu'ils *n'ont pu* étudier, ou pour mieux dire qu'*ils ne connaissent pas*,

b..   23 mais qu'ils sont cependant disposés à soupçonner et à admettre, parce que leurs causes *principales* ne peuvent suffire pour déterminer la maladie, par cela même qu'elles ne sont que *principales*. C'est, du reste, ce que les auteurs avouent dans d'autres passages de leur article : parlant des causes *principales*, que nous venons d'énumérer et de plusieurs autres encore, ils disent : « Sous l'influence d'une constitution épizootique spéciale, ces causes diverses peuvent bien prédisposer l'économie à contracter le *charbon*, mais elles ne sauraient, dans notre opinion, être regardées comme efficientes de cette maladie. » Que si l'on demandait à MM. Renault et Reynal ce que peut bien être la *constitution épizootique spéciale* au charbon, ils répondraient probablement à la question par cet autre passage du même article : « Quand on a étudié *avec attention* les circonstances au milieu desquelles les affections charbonneuses se développent, *on est forcé de reconnaître l'insuffisance des causes auxquelles on les attribue* — ces fameuses causes principales, conséquemment — et d'avouer que celles qui sont *essentiellement pathogéniques* sont encore *inconnues*. » Si les honorables auteurs s'en étaient tenus aux dernières lignes que nous venons de citer, ils auraient été à peu près fidèles à leur programme, qui était de mettre « *le plus de clarté possible* » dans leur exposé ; mais ils ont fait suivre les derniers mots de ceux-ci : « Mais si ces dernières — les causes pathogéniques *essentielles* — ont échappé jusqu'à présent à nos investigations, il est au moins possible de déterminer les *circonstances* qui *paraissent* les plus favorables à *l'évolution* des maladies charbonneuses. » Grâce à ce complément des deux premières citations, les savants auteurs de l'article *charbon* me *paraissent* avoir peu de chose à reprocher à la forme et même au fond de M. Plasse. Admettre : 1º une *constitution* épizootique *spéciale*, 2º des — c'est-à-dire plusieurs — *causes pathogéniques essentielles* ; par conséquent, 3º des causes pathogéniques *non essentielles* ; 4º des causes *principales* ; par conséquent, 5º des causes *non principales* ; et 6º, enfin, des *circonstances* qui *paraissent* favoriser, non pas le développement, mais *l'évolution* des maladies charbonneuses, tout cela ressemble à du *pathosisme* beaucoup plus qu'à du *pathogénisme*. Pathos pour pathos, nous préférons encore celui de M. Plasse ; car celui des honorables auteurs de l'article charbon les a conduits à des conclusions erronées dans leur obscurité, tandis que celui de M. Plasse l'a conduit à une conséquence que toutes les recherches nouvelles tendent à démontrer être vraie, dans ce qu'elle a d'essentiel et de plus important, c'est que les maladies charbonneuses sont dues à une alimentation malsaine ; c'est que cette alimentation est, pour parler la langue de l'école, la cause *essentielle*, ou pour parler un langage plus exact et plus clair, la cause *qui suffit* pour déterminer l'explosion de la maladie, tandis que toutes les autres causes, séparées ou réunies, seraient impuissantes à la produire, et peuvent, tout au plus, quelques-unes d'entre elles du moins, en favoriser l'action.

Ce ne sont plus les raisons de M. Plasse, raisons dont nous connaissons toute l'insuffisance, qu'on peut citer à l'appui de cette vérité capitale. Outre les motifs tirés de la doctrine parasitaire générale, nous nous appuierons, pour en démontrer l'extrême probabilité pour ne pas dire l'absolue certitude, sur les recherches de l'honorable et judicieux collègue de M. Reynal, que nous avons dû citer déjà si fréquemment, M. le professeur Baillet. Nous regrettons que le cadre de ce travail ne nous permette pas de reproduire textuellement l'exposé de toutes les recherches faites par le savant investigateur, aidé d'un autre membre de la commission, le distingué M. Marret, vétérinaire à Allanches, et que nous aurons à citer aussi plus d'une fois. Mais si nous ne pouvons tout citer, nous tâcherons du moins de résumer en quelques mots les utiles observations de MM Baillet et Marret, sans en omettre rien d'essentiel.

Nature du sol. C'est dans la constitution du sol que MM. Renault et Reynal trouvent, on se le rappelle, une des *quatre* causes *principales* du charbon ; mais quand ils en arrivent à l'étude de cette cause en particulier, *principale* ne suffit plus, ils « trouvent la preuve de sa *toute-puissance* dans ce fait d'observation générale, que le charbon sévit particulièrement dans les contrées dont le terrain est à base argileuse, calcaire, schisteuse et argilo calcaire. » (Art. cité.)

On pourrait s'étonner, au point de vue de la logique, qu'une cause *toute-puissante* ne soit cependant que *principale* et *insuffisante* pour déterminer, à elle seule, la maladie ; mais ce n'est

pas à cela que nous devons nous arrêter. Ce qui résulte des recherches de M. Baillet, c'est qu'*aucun des quatre terrains* qui
sont la cause ou *toute-puissante* ou seulement *principale* du mal
de montagne ne se rencontre dans les localités d'Auvergne ra-
vagées par cette enzootie ; que celui qui règne dans les environs
d'Allanches, étudié par la commission, est un terrain volcanique,
basaltique, recouvert d'une couche végétale assez épaisse e
riche en humus. Ce terrain règne d'ailleurs uniformémen
dans les montagnes dangereuses comme dans celles qui n'ont
jamais, de mémoire d'homme, été visitées par la maladie : en
sorte que la démonstration de l'innocuité du sol est aussi parfaite que démonstration scientifique puisse l'être.

L'altitude des localités dangereuses est on ne peut plus va-
riée.

Leur état *hygrométrique* ne l'est pas moins.

La *configuration* du sol est tellement ondulée ou accidentée,
qu'on observe alternativement la flore des lieux secs et celle
des lieux humides.

Les *eaux* s'écoulent facilement presque partout; dans les
quelques endroits où elles sont stagnantes et où l'on rencontre
des plantes aquatiques, il n'y a pas plus de danger qu'ailleurs;
cependant, le marécage a *paru* favoriser légèrement, parfois, le
développement de l'enzootie.

L'exposition des montagnes dangereuses est aussi variable
qu'on puisse l'imaginer.

La *température*, il n'est pas besoin de le dire, est la même
pour toutes les localités, dangereuses et non dangereuses.

De toutes ces observations, que nous ne faisons qu'énoncer
sommairement ici, mais qui sont exposées avec des détails non
pas toujours mais presque toujours suffisants (1), dans le rapport dont nous les extrayons (*Rapport à M. le min.*, etc. Paris, V.
Masson) il n'est pas difficile de deviner ce que MM. Baillet et Marret
déduisent : C'est que toutes ces causes prétendues, *principales*
ou *toutes-puissantes*, sont sans influence aucune sur le développement du mal de montagne, et que, si l'une d'elles sur laquelle

____

(1) Nous nous hâtons d'ajouter que l'insuffisance des détails ne vient jamais des
honorables commissaires, mais seulement des limites restreintes ou devait se renfermer leur mission.

il peut rester du doute, l'état marécageux, agissait réellement, il resterait encore à décider si elle agit, en altérant les plantes alimentaires ou bien en laissant dégager un ferment volatil comme le ferment des fièvres intermittentes. La première supposition serait, en tous cas, de beaucoup la plus probable, puisqu'on a vu, quand nous avons parlé de la contagion, qu'il n'est pas démontré, tout au contraire, que le ferment ou si l'on aime mieux le parasite du charbon se propage autrement que par le contact immédiat.

Toutes les causes précédentes étant éliminées, on devait arriver, par exclusion, à suspecter les aliments; mais on va voir que ce n'est point par exclusion seulement que MM. Baillet et Marret y sont arrivés; nous allons analyser, ici, et citer un peu plus longuement, car nous abordons le point capital de la question, d'autant plus capital, que, ce point une fois bien éclairé, on arrivera très-probablement, et peut-être dans un temps peu éloigné, nous en avons l'espoir, à l'extinction du mal, si l'administration sait faire des sacrifices intelligents pour arriver à ce grand but.

Un premier fait observé par M. Baillet, qui l'avait déjà été antérieurement dans des conditions moins frappantes, ainsi que nous le dirons dans un instant, et qui devait déjà mettre un observateur attentif sur la voie de la vérité, est le suivant : « C'est surtout par des vaches destinées à l'engraissement, dit M. Baillet, que sont occupés les pâturages d'Auvergne que j'ai visités.

» Lorsque le pâturage est sain, ces vaches, qui ont souvent souffert de la parcimonie avec laquelle on les a entretenues pendant l'hivernage, profitent rapidement de l'abondante nourriture qui est mise à leur disposition. Peu de jours suffisent alors pour qu'elles se mettent en état; et généralement, après quelques semaines, l'engraisseur peut déjà s'apercevoir que, selon toute probabilité, l'opération qu'il a tentée lui donnera des bénéfices.

» Lorsque, au contraire, le pâturage est au nombre de ceux au sein desquels doit apparaître le mal de montagne, les choses marchent tout autrement. Les vaches restent tristes et nonchalantes, ainsi que j'ai pu m'en convaincre l'année dernière à

b…

Gromont et cette année au *Grand-Bos.* Elles mangent peu, ne profitent pas de l'herbe qu'elles mangent, et, pour me servir de l'expression des battiers (nom donné aux pâtres dans le pays), *elles restent plates.* Il est facile de reconnaître que toutes éprouvent un malaise particulier et qu'elles luttent contre les premières atteintes du mal. Dans un troupeau menacé du mal de montagne, les taureaux ne sont pas exempts du malaise. Ils sont alors moins ardents et moins aptes à remplir le but pour lequel on les conserve. Le 17 juin dernier, lors de la première visite que nous fîmes au *Grand-Bos*, M. Marret et moi, il existait dans un troupeau de cent trente-quatre vaches, quatre taureaux. Plusieurs bêtes étaient en chaleur ; les taureaux, loin de se les disputer, les délaissaient, et le seul d'entre eux qui montrait quelques désirs vénériens était remarquablement mou. » (BAILLET, *rapport cité*, p. 10.)

Les savants observateurs font remarquer que, dans les montagnes réputées dangereuses, peu de vaches échappent au malaise qu'ils viennent de signaler ; un certain nombre d'entre elles résiste et finit à la longue par se rétablir et même par arriver à un engraissement suffisant pour être livré à la boucherie.

« Mais, ajoutent-ils, s'il est des vaches qui reviennent à la santé après avoir été assez gravement atteintes pour donner de sérieuses inquiétudes, il en est malheureusement un trop grand nombre chez lesquelles les symptômes s'aggravent et qui ne tardent pas à mourir. Le plus souvent elles succombent dans les parcs où on les a confinées. Plus rarement, elles tombent au milieu des pâturages, soit que les premiers signes du mal aient échappé à l'attention des battiers, soit que la maladie ait été trop rapide et la mort foudroyante. » (Rapp. cité, p. 11.)

A moins de fermer les yeux à l'évidence, il nous paraît impossible de ne pas voir dans ces faits l'influence du pâturage. surtout si l'on réfléchit qu'à quelque distance, parfois à côté des points où de pareils accidents se produisent, existent d'autres animaux, qui se trouvent exactement dans les mêmes conditions que les précédents, sauf la différence de l'herbe, et qui conservent un parfait état de santé. Bien d'autres observations, plus précises encore, confirment celles de MM. Baillet et Marret.

En 1858, la précieuse importation de M. de Montigny, notre consul de France en Chine, le sorgho sucré, fut accusée de produire des accidents mortels sur les animaux qui s'en repaissaient. C'est dans le département d'Eure-et-Loir qu'eurent lieu la plupart des accidents qui provoquèrent ces accusations; le Comice agricole de Chartres, désireux d'en connaître la cause véritable, mit au concours la question « *de la culture et de l'emploi du sorgho sucré comme plante fourragère.* » Deux très-bons mémoires répondirent à la question du Comice, l'un de M. Roussille fils, cultivateur à Villeau, l'autre de M. Boutet, vétérinaire à Chartres. Le travail de ce dernier auteur, surtout, est un modèle d'ordre, de clarté et de saine critique. Les deux auteurs arrivent d'ailleurs, sans s'être entendus, il est inutile de le dire, à établir que ce n'est point au sorgho sucré que sont dus les accidents qui avaient ému l'agriculture, mais bien au sorgho sucré *malade*. Les observations qui établissent ce fait se ressemblent toutes; il nous suffira d'en citer une, dans les termes mêmes où l'expose M. Boutet.

« M. Doussineau, cultivateur à Allones (Eure-et-Loir), ayant un champ de sorgho à végétation languissante, se décide à le faire manger sur pied à ses moutons: ceux-ci *broutent les herbes étrangères et laissent le sorgho tout à fait intact.* Deux ou trois jours après, le 29 juillet au soir, le sorgho est coupé à la faucille, et le lendemain, 30, à onze heures du matin, il fut donné aux quinze vaches de la ferme, dans la proportion de 2 kilogrammes au plus par tête.

» Le repas à peine terminé, à midi, toutes les vaches qui ont mangé leur ration (douze sur quinze) sont malades; les trois autres se portent bien ; elles n'ont pas voulu y goûter. » (*Mém. sur la culture du sorgho sucré comme plante fourragère*, publié par le Comice agricole de l'arrondissement de Chartres; Chartres, 1862, typogr. de Félix Durand.) Suivent les symptômes observés chez les animaux. Deux succombent; les autres se rétablissent; les lésions anatomiques, insuffisamment décrites, dénotent surtout une altération du sang.

Tous les autres faits sont absolument semblables à celui qui précède, et peuvent se résumer en ces mots :

État languissant du sorgho ;

Répugnance des animaux à le consommer;

Développement des symptômes plus ou moins redoutables, chez les animaux qui se décident à le manger;

État parfait de santé, chez ceux qui le refusent absolument.

En résumé, de trente-huit vaches qui ont consenti à manger de ce sorgho à végétation *languissante*, pas une n'a échappé à la maladie, et dix en sont mortes.

Comme contre-partie de ces observations, faites sur divers points du département d'Eure-et-Loir, des Basses et des Hautes-Pyrénées, MM. Roussille et Boutet font ressortir, chacun de leur cô é, les innombrables observations de consommation, en quantité très-supérieure, de sorgho à végétation florissante, et qui n'ont jamais occasionné le plus léger accident, tout au plus, une seule fois, une météorisation sur laquelle l'absence des détails les plus essentiels ne permet même pas de se prononcer.

Les conclusions des deux auteurs chartrains sont celles que tout lecteur sen-é peut supposer d'après les faits observés : ni M. Roussille ni M Boutet ne parlent de parasites, parce qu'on n'en parlait guère encore en 1860, époque où ils ont composé leurs mémoires; mais ils n'hésitent pas à attribuer tous les accidents qu'ils ont étudiés à l'ingestion d un *sorgho malade*, ce qui, pour nous, est à peu près synonyme de sorgho *parasité*, si l'on nous passe le mot.

Une des particularités les plus intéressantes des observations de MM. Roussille et Boutet, comme de MM. Baillet et Marret, c'est la répugnance qu'éprouvent, à peu près universellement, les animaux pour les plantes qui doivent leur nuire ; et si quelque chose pouvait étonner, c'est que la constatation de cette particularité n'ait pas dessillé plus tôt les yeux des observateurs, car la constatation ne date pas d'hier. Dans un rapport volumineux sur le sang de rate, lu à la Société protectrice des animaux en 1860, et qui, malheureusement, ne brille pas par les qualités qui distinguent les mémoires de MM. Roussille et Boutet, on trouve pourtant quelques bonnes observations, entre autres celle-ci, q ie pas un seul pâtre n'a manqué de faire, et qui est pourtant demeurée stérile jusqu'à ce jour : «Si, dans un gazon ou un pré paissent des vaches ou d'autres bêtes au piquet, il ne tarde pas à s'élever, à de nombreux endroits, des ilots de verdure luxuriante, d'un vert intense, sur tous les points où des déjections ont activé la fumure du sol. Ces îlots sont respectés par les animaux. Contiennent-elles donc des principes nuisibles ? Oui, sans doute ; l'homme ne peut pourtant les découvrir. Le mouton mis à même dans une prairie dont tous les pieds sont également fumés, ne choisit pas, ou ne recherche que les sommités plus tendres et savoureuses ; mais la plante peut bien n'être pas pour cela absolument saine, et porter en elle un germe que fera mûrir le soleil..., etc. » L'auteur sort, ici, du pré, pour entrer un peu trop avant dans le champ de l'hypothèse où il se complaît trop ; mais le fait des touffes respectées reste ; et nous devons ajouter que ces touffes respectées, au milieu d'un pré et surtout d'un pré envahi par les parasites, mousses et autres, ne s'observent pas exclusivement sur des points extra-fumés par des déjections, mais encore sur beaucoup d'autres dont la cause du délaissement n'est pas déterminée. Il nous paraît probable que, lorsque toutes ces touffes, dédaignées par les animaux, auront été examinées à l'aide de tous les moyens dont nous disposons aujourd'hui, on y découvrira le secret de la répugnance qu'elles inspirent, de même qu'on le découvrira dans les fourrages des montagnes dangereuses de l'Auvergne, où nous allons nous transporter de nouveau, avec nos guides intelligents et fidèles, MM. Baillet et Marret (1).

Ce que ces honorables investigateurs ont déployé de zèle et de science pour déterminer et décrire la flore des montagnes des environs d'Allanches, qu'ils ont divisées en trois régions suivant l'altitude, est au-dessus de tous les éloges : ils n'ont pas déterminé moins de deux cent quatre-vingt-quinze individus, répandus sur *quarante* montagnes et appartenant à une quantité considérable d'espèces ! Malheureusement, cet immense travail n'a conduit qu'à des conclusions négatives, c'est-à-dire à la conclusion qu'aucune des plantes étudiées ne pouvait, par elle-même, causer le charbon. Elles ne pouvaient, suivant nous, conduire à d'autres conclusions, et nous allons dire pourquoi, afin que,

(1) Si les micrographes de profession voulaient bien consacrer à l'étude de ces touffes comme à celle des plantes des montagnes dangereuses une partie du temps qu'ils consacrent à des observations fatalement stériles, peut-être arriveraient-ils à une découverte d'une haute importance pour l'hygiène publique et l'économie rurale.

23.

s'il est donné aux honorables commissaires ou à d'autres, dignes d'eux, de continuer des recherches qu'ils ont si bien commencées, ils ne se livrent plus à des travaux frappés d'avance de stérilité.

Il ne faut pas abuser, nous l'avons dit plus d'une fois, de l'analogie ni des déductions purement rationnelles, mais il faut en user, car lorsqu'on en use sagement, elles nous conduisent à la vérité, tout comme les expériences ou les observations elles-mêmes les mieux conduites. Or, que nous dit la raison ? elle nous dit, elle nous apprend aussi sûrement que la plus rigoureuse des expérimentations, que les animaux, privés de l'expérience, c'est-à dire de la constatation et de la comparaison réfléchie des faits, n'ont d'autre guide que l'instinct pour se préserver des causes de destruction qui les entourent ; si cet instinct était sujet à faillir dans le choix des aliments, il ne peut être un instant douteux qu'aucune espèce animale ne résisterait à ces causes de destruction qui la menacent sans cesse ; l'instinct que nous appellerons alimentaire doit donc être infaillible, sous peine d'être absolument insuffisant, et de vouer sûrement chaque espèce animale à une prompte extinction. Aussi, l'instinct est-il ce qu'il doit être ; et on chercherait en vain un exemple certain où un animal ait mangé une plante bien portante, qui soit par elle-même un poison. Il est donc parfaitement inutile de chercher une ou plusieurs de ces plantes. Où l'instinct peut faillir, où il est presque impossible qu'il ne faillisse pas, c'est quand une plante naturellement propre à l'alimentation vient à être altérée par des productions accidentelles, et que l'instinct est lui-même en partie émoussé par la faim ; et encore a-t-on vu que, même dans ces cas, ce n'est pas sans un combat intérieur que les animaux se sont décidés à consommer des aliments altérés, combat dans lequel, plusieurs fois, l'instinct a triomphé de la faim. Ce qu'il faudra donc chercher à l'avenir, ce ne sont point les plantes naturellement nuisibles, mais ce qui rend dangereuses et même souvent mortelles des plantes qui, comme le sorgho sucré, sont, naturellement, d'excellents aliments.

Ces solides principes une fois rappelés, hâtons-nous de dire que, si MM. Baillet et Marret ont perdu un peu de temps, la sûreté de leur jugement n'en a souffert en rien. Promptement convaincus qu'aucune plante, même celle qu'on avait soupçonnée et qu'ils avaient eux-mêmes soupçonnée à tort un instant (le *Meum athamanticum* (ombellifères), ne pouvait causer le mal de montagne, ils n'ont pas hésité ni tardé à accuser le véritable agent de la maladie, le parasite d'une ou de plusieurs des plantes alimentaires qui peuplent les pâturages des montagnes dangereuses. Une circonstance qui ne confirme pas médiocrement cette opinion, circonstance que les savants commissaires ont mentionnée, peut-être sans y insister suffisamment, c'est ce qui « frappe tout d'abord lorsqu'on parcourt les montagnes dans les quatre cantons de l'Auvergne que j'ai dû étudier : que les arbres y manquent à peu près complétement. On n'en voit guère qu'au voisinage des villes et des habitations; mais dans les pâturages proprement dits, on marche quelquefois pendant des heures entières sans rencontrer ni un arbre ni un buisson. » (Rapp. cité, p. 16). Tout le monde sait que l'absence de grands végétaux est favorable au développement des *miasmes* (lisez parasites) nuisibles aux hommes et aux mammifères; voilà donc une circonstance de plus en faveur de l'opinion à laquelle nous allons voir avec satisfaction se rallier des esprits aussi droits que MM. Baillet et Marret.

« Il est évident que, pendant les derniers instants de la vie, les animaux malades répandent des bactéries avec leurs déjections (M. Baillet a constaté les microzoaires dans ces déjections) et les disséminent dans les pâturages. Et il est certain que le même effet est produit par les cadavres. Cela étant, il n'est pas impossible que ces êtres inférieurs, ainsi versés dans le monde extérieur, aient la propriété de se conserver d'une année à l'autre dans certains herbages, qu'ils puissent même s'y multiplier dans des conditions particulières et pénétrer ensuite dans l'économie des ruminants par les voies digestives ou de toute autre manière. On s'expliquerait de cette façon comment il se fait que certains pâturages sont dangereux, tandis que d'autres, qui paraissent être dans les mêmes conditions, ne le sont pas. Peut-être même serait-il permis d'arriver à démontrer que l'opinion des habitants du pays, *qui attribuent le mal de montagne exclusivement à l'herbe des pâturages,* n'est pas entièrement dénuée de fondement.

» Si, en effet, ce sont les bactéridies disséminées dans les herbages qui causent la maladie, ce doit être souvent, ainsi que M. le professeur Lafosse l'a fait observer déjà d'une manière générale pour les bactéridies du charbon, avec les plantes que mangent les animaux qu'elles pénètrent dans l'économie, car, dans les circonstances ordinaires, *le mal n'apparait en réalité que sur les bêtes que l'on fait paître dans la montagne.* Il y a plus, M. Marret, notre collègue dans la commission, nous a rapporté des faits qui donnent à cette opinion une certaine consistance, et qui exigent qu'on l'examine avec quelque soin. Comme je l'ai dit plus haut, plusieurs propriétaires des montagnes dangereuses, désespérant de réussir jamais à engraisser des vaches, sans avoir à subir des pertes considérables, ont abandonné les herbages et n'y ont plus placé de bestiaux. Quelques-uns d'entre eux ont alors imaginé de recueillir l'herbe de ces montagnes et de la transformer en foin. Celui-ci n'a été consommé que pendant l'hiver. Or, dans plusieurs circonstances, il est arrivé que le mal de montagne s'est déclaré dans les étables où l'on nourrissait les animaux avec ce foin, exactement avec les mêmes caractères que dans les pâturages. M. Marret m'a rapporté à ce sujet l'exemple d'un propriétaire qui, dans une même nuit, a perdu jusqu'à sept bêtes du mal de montagne, alors que, pendant l'hiver, il nourrissait son bétail avec du foin récolté dans les montagnes dangereuses.

» Ainsi, dans le cas où ce seraient des êtres inférieurs, (animaux ou plantes) ou des germes d'êtres inférieurs conservés dans le monde extérieur qui détermineraient le mal de montagne, tout semble indiquer que c'est dans l'herbe des pâturages qu'il faut les chercher. Mais ce n'est là encore qu'une indication bien vague, et tout le monde comprendra qu'avant de commencer dans cette direction des recherches suivies, nous ayons voulu avoir des données plus positives. C'est donc pour nous éclairer, avant tout, sur les points où nous devrions, dans une montagne dangereuse, faire des études spéciales, que nous avons entrepris cette année, M. Marret **et** moi, des expériences d'alimentation avec des herbes récoltées dans des conditions variées. Nous avons maintenant à faire connaître, en peu de mots, quelle a été la marche suivie dans ces expériences, et quels en ont été les résultats.

» Nous avons réuni dans une même étable à Allanches, loin par conséquent de toute influence des montagnes dangereuses, trois moutons et une génisse qui ont été placés chacun dans une loge séparée. Grâce à l'obligeance de M. Reynaud, nous avons pu, ensuite, faire récolter chaque jour au pâturage du *Grand-Bos*, alors en proie à la maladie, de l'herbe recueillie dans des lieux différents. L'un de nos moutons a reçu pour toute alimentation exclusivement du *Meum athamanticum* (Jacq.); le second a été nourri avec de l'herbe récoltée dans les *fumades* (1) de l'année précédente; et le troisième avec de l'herbe provenant des sagnes ou des bords des sagnes (2). Quant à la génisse, on lui a donné un mélange de ces trois sortes d'herbes, dans lequel cependant on a fait prédominer le plus souvent le *Meum athamanticum*. Ce régime, commencé le 26 juin, s'est continué sous la direction de M. Marret, jusque vers le milieu du mois d'août, pour les bêtes ovines, et un peu plus tard pour la génisse. D'après ce que m'écrit à la date du 10 novembre notre honorable collègue, aucun des moutons n'a souffert et tous trois ont été réunis dans les pâturages sans avoir subi la moindre atteinte. La génisse, au contraire, est tombée malade quelques jours après le départ de ses compagnons, et n'a pas tardé à offrir tous les symptômes que présentent les vaches, lorsque, dans les pâturages, elles luttent contre le mal de montagne. Malheureusement la maladie n'a point été assez grave pour déterminer la mort; la bête s'est rétablie peu à peu, et il a été impossible de contrôler par des inoculations le résultat obtenu. » (Rapp. cité, p. 67.)

Guidé toujours par la plus sage prudence, M. Baillet ne

---

(1) On appelle *fumades*, en Auvergne, la partie centrale des pâturages fumée par le parcage des bestiaux, et *aigades* les lisières qui ne reçoivent jamais de fumier. L'herbe est naturellement moins florissante dans les *aigades* que dans les *fumades*; cependant, l'observation n'a pas démontré, *quant à présent*, qu'elle fût plus dangereuse.

(2) Les *sagnes* sont à proprement parler des marais.

veut pas encore conclure; il regrette d'avoir commencé les expériences si tard, exprime le désir de pouvoir les répéter en les commençant à une époque moins avancée, et espère d'autant plus, dans ces conditions, en obtenir des résultats plus décisifs, que, précisément, au moment où ses expériences ont commencé, la maladie s'amendait dans le troupeau du *Grand-Bos*.

Quant à nous, sans repousser les expériences que réclame M. Baillet, expériences que nous appelons, au contraire, de tous nos vœux, dont nous donnerons même un plan beaucoup plus complet que celui qui paraît suffisant à l'honorable rapporteur, nous ne partageons point ses hésitations, lesquelles, d'ailleurs, on s'en aperçoit à chaque ligne de son rapport, existent beaucoup plus dans les paroles que dans la pensée du judicieux observateur. Suffisamment éclairé, nous le croyons du moins, par la raison générale, par les faits observés par MM. Baillet et Marret, MM. Roussille et Boutet et par un grand nombre d'autres observateurs, nous n'hésitons pas un seul instant à attribuer le mal de montagne, c'est-à-dire le charbon en général, à l'action d'aliments altérés (abstraction faite, bien entendu, des cas de contagion, cas qui sont la règle sans exception chez l'homme), pas plus que nous n'hésitons à rapporter l'altération des aliments à la présence d'un parasite qui, pour les raisons que nous avons exposées dans notre introduction, doit être un parasite animal. C'est ce que l'observation semble avoir démontré, du reste, d'une manière directe et péremptoire.

Des hésitations bienveillantes comme celles de MM. Baillet et Marret ne sauraient cependant nous contrarier. Ce n'est qu'en surmontant certaines résistances, les résistances sincères et, partant, possibles à dissiper, que les idées nouvelles (ou renouvelées, peu importe) arrivent à s'implanter définitivement dans la science. Dans l'armée du progrès comme dans toute autre, il doit y avoir les soldats éclaireurs de l'avant-garde, ceux du corps d'armée et même des traînards; les premiers préparent la victoire, les seconds la décident, et les troisièmes arrivent sur le champ de bataille quand elle est consommée, comme pour prouver qu'il n'y a plus rien à faire, et que tout le monde doit se rallier au drapeau victorieux. Ces derniers venus sont, du reste, ceux qui chantent, alors, le plus fort. En ce qui concerne la doctrine parasitaire du charbon, les éclaireurs ont presque terminé leur rôle ; les soldats de la résistance, comme MM. Baillet et Marret, remplissent en ce moment le leur ; et dans quelques semaines, dans quelques mois, dans quelques années au plus, les traînards, comme plusieurs des collègues de M. Baillet, viendront donner le dernier coup de pioche, ouvriers de la dernière heure, qui, en qualité d'observateurs fervents des préceptes évangéliques, ne recevront pas un moindre salaire que les autres, tout au contraire : on les voit toujours marcher en tête, quand il s'agit d'aller à la conquête du salaire,

Un mot encore, cependant, à ces traînards, pour stimuler leur torpeur, et surtout pour empêcher qu'elle se communique autour d'eux, car la routine indolente est bien plus contagieuse encore que le charbon, surtout quand elle rayonne des foyers professoraux.

Les auteurs de l'article *charbon* du Dictionnaire de médecine vétérinaire, que nous avons déjà cité plusieurs fois, et dû combattre, à cause de la fâcheuse influence qu'il peut avoir, ne veulent pas que les affections charbonneuses soient dues aux aliments altérés. Voici la manière de raisonner qu'ils veulent apprendre à leurs lecteurs et à leurs élèves : « Avant d'aller plus loin, il importe de faire remarquer qu'entre l'opinion ancienne de Chabert, de Gilbert, etc., et l'opinion *plus contemporaine* de Delafond, de Guerlach, de M. Plasse, etc., il existe une différence, qui mérite d'être signalée. » — Assurément « s'il *importe de la remarquer*, » elle doit « *mériter d'être signalée*; » en ce point la leçon de logique est irréprochable. MM. Renault et Reynal signalent donc la différence, et voici de quelle façon ils la signalent : « Chabert, Gilbert, etc., en accusant les fourrages altérés de déterminer le *charbon*, n'ont jamais séparé cette cause des conditions au milieu desquelles cette altération s'est produite, les chaleurs prolongées, et la sécheresse du sol succédant à des pluies et à des inondations. Dans leur esprit, ces agents producteurs de *charbon* sont *intimement* unis ; les uns sont la conséquence des autres ; on ne peut pas plus les séparer que l'effet de la cause. Aussi, est-ce bien plus par une action combinée que par une action isolée qu'ils agissent sur l'organisme pour produire le *charbon*.

» Numann, Delafond, Plasse, etc. (1), considèrent, au contraire, les altérations diverses des fourrages comme une cause absolue productrice du *charbon*. Pour eux, la rouille, les moisissures, etc., exercent leur influence sur l'économie en dehors des conditions où elles se sont produites. Partout et toujours, qu'elles doivent leur origine soit aux circonstances de la température avant et après la récolte des fourrages, soit à des méthodes vicieuses de conservation, les cryptogames qui pullulent sur les substances alimentaires déterminent des affections charbonneuses. Si la première de ces deux opinions nous paraît appuyée par des faits nombreux, il n'en est pas de même de la seconde...., etc. »

Voilà beaucoup de mots; tâchons de tirer à clair les idées qu'ils peuvent cacher; M. Reynal, si nous y parvenons, nous en saura gré certainement; car s'il ne verse pas toujours des torrents de lumière sur les sujets qu'il traite, nous savons qu'il n'en adore pas moins la clarté. Nous ne défendons ici, bien entendu, ni Delafond ni M. Plasse, mais seulement la doctrine parasitaire, telle que la raison, les expériences et les observations contemporaines tendent à la constituer.

Nous ne rechercherons pas, avec ou sans M. Reynal, ce que peuvent bien être « les *circonstances de la température*; » nous croyons que l'un et l'autre nous y perdrions notre temps, sinon notre latin; mais ce qu'il nous faut tâcher d'éclaircir, c'est l'idée que MM. Renault et Reynal ont voulu attribuer aux partisans de la « première opinion, » en disant que, dans leur esprit, « la chaleur, la sécheresse, les pluies, les inondations et

(1) A propos de Numann, de Guerlach, etc., et de M. Plasse, nous croyons devoir intervenir ici en faveur de ce dernier, que M. Raynal accuse, on ne sait trop pourquoi, d'avoir adopté le système étiologique « qui a cours » en Allemagne, après l'avoir accusé, sans plus de fondement, de vouloir être cru sur parole. M. Plasse a très-justement répondu à M. Reynal que les auteurs cités par ce dernier considèrent les cryptogames comme *une* des causes des épizooties, tandis que M. Plasse les considère comme leur cause exclusive. Nous avons dit en quoi le système de M. Plasse est erroné; mais il ne serait pas exact de dire qu'il a simplement copié Numann ni Guerlach ni d'autres.

les fourrages altérés *sont intimement unis*. » Ce qu'ils ont voulu dire ne nous paraît guère possible à comprendre ; mais, avec un peu de bonne volonté, on peut le deviner. Nous ne voudrions pas leur prêter l'opinion que des pluies et des inondations, qui auraient eu lieu au mois de mai, de la chaleur et de la sécheresse qui les auraient suivies au mois de juillet, puissent partager avec des fourrages altérés la responsabilité d'un mal de montagne développé au mois d'octobre. Des professeurs peuvent se tromper tout comme de simples mortels, mais ils ne peuvent pas être absurdes à ce point. Il vaut donc mieux croire, ne fût-ce que par respect pour la chaire, que l'opinion de MM. Renault et Reynal a été celle-ci : les pluies et les inondations suivies de chaleurs et de sécheresse altèrent les fourrages, et les fourrages altérés altèrent à leur tour la santé des animaux ; seulement *unir*, intimement ou non intimement, comme ils l'ont fait, ce qu'ils appellent tous « ces agents producteurs du *charbon*, » ce n'est point *unir*, c'est *confondre*, nous dirons même *confusionner*, si nous étions de l'Académie — française, bien entendu — ; mais si telle est leur opinion, point n'était besoin de tant d'alambicages pour l'exprimer ; il fallait dire, tout simplement : belle marquise...., etc. (V. article précédent), ou, ce qui revient au même : l'altération des fourrages produit le charbon ; mais les pluies, les inondations, la chaleur et la sécheresse produisent l'altération des fourrages. Seulement, s'ils avaient réduit à cette simplicité leur prose transcendante, MM. Renault et Reynal se seraient aperçus, sans peine, que les deux opinions ne peuvent au fond en faire qu'une, car nous ne pensons pas — et MM. Renault et Reynal ne doivent pas le penser davantage — qu'il se trouve quelqu'un dans le monde pour prétendre que, si les parasites engendrent quelque chose, eux-mêmes soient engendrés de rien. Les hétérogénistes les plus absolus ne sont jamais allés jusque-là ; il n'est pas supposable que MM. Renault et Reynal aient l'intention ni la prétention de les dépasser.

Une autre version de leur prose est cependant encore possible, car dans ce qui est obscur chacun peut voir ce qui lui plaît et pêcher en eau trouble : dire que les « agents producteurs du charbon sont intimement unis, » pourrait à la rigueur vouloir signifier—et c'est ce que sembleraient indiquer les mots *action combinée* par opposition à *action isolée* — que l'altération des fourrages ne suffit pas seule à produire le charbon, mais qu'il faut que cette cause agisse concurremment, nous ne disons pas simultanément, nous retomberions dans l'absurde, avec la pluie, l'inondation, la chaleur et la sécheresse. Mais à cette interprétation, quasi-raisonnable théoriquement, les faits répondent par un démenti formel : toutes les montagnes de l'Auvergne visitées par la commission sont soumises aux mêmes conditions climatériques *appréciables*, quant à présent, et un certain nombre d'entre elles, seulement, est dangereux; la démonstration que M. Baillet a faite pour les montagnes d'Auvergne pourrait être faite pour toutes les localités sujettes aux affections charbonneuses; il n'y a pas à revenir là-dessus. Il est prouvé que, de quelque façon qu'on interprète la glose de MM. Renault et Reynal, elle est toujours fausse. L'erreur d'une interprétation ne diffère de l'autre que quant au degré.

Les erreurs des professeurs étant les plus dangereuses, puisqu'ils ont l'occasion de les semer tous les jours dans des champs encore vierges, où elles ont plus de chances de prendre racine, nous réfuterons encore deux arguments de MM. Renault et Reynal, qu'on pourrait dédaigner sans inconvénient, s'ils émanaient d'une autre source :

« Une observation générale, disent-ils, qui prouve bien qu'il faut autre chose que des fourrages altérés pour faire naître cette maladie, c'est qu'on l'observe très-exceptionnellement dans les grandes villes, à Paris, par exemple, où cependant on consomme une grande quantité de denrées avariées; on ne la remarque pas davantage parmi les nombreux convois d'approvisionnement de bestiaux qui suivent le mouvement des armées en campagne. Et cependant, dans cette dernière condition, on trouve réunies les altérations diverses des denrées alimentaires et ces autres causes adjuvantes : la misère, la privation, et les fatigues auxquelles plusieurs auteurs ont attribué et attribuent encore le *charbon!*....

» Une expérience dont nous avons été témoins et qui a été faite par M. Magne à l'école d'Alfort, tout en confirmant notre opinion sur le point d'étiologie qui nous occupe, démontre l'utilité qu'il y aurait à soumettre au contrôle de l'expérimentation les nombreuses assertions concernant les causes auxquelles on a attribué le *charbon*.

» Pendant trois mois, M. Magne a nourri un lot de moutons avec des pailles de blé si fortement rouillées que les râteliers et la toison des animaux avaient une teinte jaunâtre produite par la matière cryptogamique dont ils étaient couverts; et cependant, non-seulement ils ne sont pas tombés malades, mais encore ils ont pris du poids et de la graisse. »

M. Reynal est probablement bien loin de se douter de ce que prouvent les arguments que nous venons de citer, et Renault, s'il vivait, s'en douterait probablement moins encore, vu que MM. Renault et Reynal ont des idées extraordinairement malsaines sur la pathologie en général et sur la doctrine parasitaire en particulier. De ce qu'on prétend que le charbon est dû à l'altération des aliments, MM. Renault et Reynal infèrent que toutes les altérations des « denrées » doivent produire le charbon! Il ne saurait se commettre en pathologie d'erreur plus qualifiée: c'est l'erreur d'un naturaliste, que nous avons déjà signalée, qui espérerait récolter des petits pois en semant des lentilles. Le charbon est une maladie contagieuse, virulente, inoculable, par conséquent spécifique s'il en fut; et, si MM. Renault et Reynal s'étaient donné tant seulement la peine de lire leur collègue, M. H. Bouley, ils auraient appris que « les maladies spécifiques résultent de causes spécifiques, c'est-à-dire de causes qui produisent toujours les mêmes effets, à part les différences d'intensité....., etc. » Nous avons déjà cité ce passage de M. H. Bouley, — qui paraissait, il est vrai, l'avoir lui-même oublié — dans la première édition de cet ouvrage; M. H. Bouley est le collaborateur de MM. Renault et Bouley pour le *Nouveau Dictionnaire de médecine vétérinaire;* il est singulier qu'ils soient aussi étrangers à ce qu'écrit leur collègue et collaborateur. Tout ce que prouve donc l'expérience de M. Magne, c'est que le charbon n'est pas causé par la *rouille*, et tout ce que prouve la rareté du charbon dans les grandes villes et à Paris en particulier, c'est que l'air des grandes villes est peu favorable au parasite qui produit le charbon ou qu'il y est rarement importé par les fourrages qui approvisionnent la capitale ; du reste, si le charbon est assez rare à Paris, il est loin d'y être inconnu, et ce qui s'y est passé pendant la durée du siége nous a malheureusement donné trop de preuves que le charbon peut y sévir sévèrement. Ainsi disparaissent les dernières objections contre l'étiologie que les faits indiquent déjà à tous les esprits clairvoyants ; il ne s'agit plus maintenant que de la démontrer clairement aux plus réfractaires ; nous allons essayer d'indiquer comment il convient de s'y prendre pour arriver le plus promptement possible à cette démonstration, et c'est par là que nous terminerons cette discussion, qui serait déjà trop longue, si le sujet était moins important.

Nous avouons que nous avions conçu le projet de donner nous-même, soit seul, soit avec le concours de l'honorable M. Marret, une démon tration qui touche toujours beaucoup les hommes en général et les agriculteurs en particulier : nous avions projeté d'acquérir quelques pâturages dangereux, lesquels ne sont pas d'un prix bien élevé ; de traiter les plantes d'après nos principes, et d'y engraisser ensuite les animaux. Le maintien de la santé chez ces derniers aurait fourni la preuve frappante que le mal vient de l'alimentation ; et tout en fournissant cette démonstration scientifique, nous aurions donné au terrain dangereux une valeur supérieure à celle qu'il avait auparavant. Tout le monde aurait trouvé son compte à cette belle expérience : la science, le pays et l'expérimentateur. Nous nous étions déjà ouvert de ce projet à notre excellent collaborateur M. Marret, qui l'avait accueilli sans défaveur, et nous en étions à en étudier les conditions d'exécution, quand le fléau engendré par le plébiscite de 1870 vint s'abattre sur la France. Tous les projets, le nôtre comme les autres, durent s'évanouir devant cette guerre insensée. Mais nous ne renonçons pas à exécuter plus tard le plan que nous avions conçu, et qui, s'il réussit, comme nous en avons le ferme espoir, donnera aux éleveurs en même temps qu'aux savants la démonstration à laquelle ils sont le plus sensibles. En attendant, il faudra nous contenter de celle du rapport de la deuxième commission du mal de montagne et de celle de MM. Boutet et Roussille, lesquelles, du reste, sont parfaitement suffisantes, à notre sens.

Nous avons donné un aperçu du rapport rédigé par M. Baillet, sur la mission qu'il a remplie en Auvergne avec le très-utile concours de quelques autres commissaires, et plus spécialement de M. Marret, vétérinaire à Allanches. Mais nos trop courts extraits sont loin de donner une idée complète du travail de la commission et de l'honorable rapporteur, et du zèle qu'il leur a fallu pour remplir comme ils l'ont fait la mission qui leur était confiée. Et cependant, sur presque tous les points, les expériences, les observations, les investigations de la commission sont restées incomplètes ; et, sur une foule de questions importantes, les savants commissaires ont été obligés, faute de temps et de ressources suffisantes, de s'en rapporter à des renseignements plus ou moins vagues, donnés par des personnes plus ou moins intelligentes et étrangères à la science, et de réserver à des missions ultérieures la tâche de résoudre les questions les plus capitales, celles dont la solution pourrait conduire à l'extinction du fléau. Ces missions éventuelles, qui dépendent de tant de circonstances fortuites, parfois d'un simple caprice ministériel, arriveront-elles, si elles parviennent à se renouveler, à terminer une œuvre laissée très-incomplète ? Nous n'hésitons pas un instant à répondre non, si elles sont formées et si elles fonctionnent sur le même plan que celles qui les ont précédées. Ce n'est pas en allant faire *une seule herborisation* dans chaque montagne, comme M. Baillet nous informe avoir été obligé de le faire, par manque de temps ; ce n'est pas en faisant quelques promenades rapides dans quelques localités dangereuses et non dangereuses, qu'on arrivera à connaître le pays, son sol, ses productions végétales et animales, ses conditions climatériques et météorologiques, son état hygiénique, etc., etc. ; et c'est moins encore d'après un plan improvisé à la hâte qu'on arrivera à utiliser tous ces éléments, si on arrive une fois à les réunir. A moins d'un hasard providentiel dont il faut savoir profiter quand il se présente, mais sur lequel, en science comme en bonne administration, il ne faut jamais compter, on pourra renouveler tous les ans pendant cinquante ans et plus, les missions scientifiques, sans arriver probablement à la découverte, à la démonstration de la cause précise du mal. Dès à présent, nous avons à peu près la certitude que cette cause se trouve dans un parasite ; que ce parasite est introduit dans l'économie par les aliments. Mais ce parasite, quelle plante ou quelles plantes, au pluriel, le recèlent ? quelle cause le fait développer sur le versant d'une montagne, et quelle autre en empêche le développement sur le versant opposé ? Voilà ce qu'on découvrira difficilement, ce que même on ne découvrira probablement jamais, tant qu'on organisera des missions comme celles qui ont été chargées d'étudier le mal de montagne, et nous ajoutons comme *toutes* celles qui, dans *tous les temps*, ont été chargées d'étudier une épidémie ou une endémie, une épizootie ou une enzootie quelconque. Mais ces causes que les commissions passées n'ont pu découvrir, est-il permis d'espérer que des commissions futures, plus heureuses, les découvriront ? A cette question, on doit répondre que les administrations qui nomment de temps en temps des commissions nouvelles ont sans doute cet espoir, sans quoi leurs actes seraient dénués de sens commun. Quant à nous, nous n'avons pas seulement l'espoir que des commissions futures bien organisées seront plus heureuses que les commissions passées ; nous en avons la conviction profonde, nous dirions presque volontiers la certitude, au moins en ce qui concerne les endémies et les enzooties. Que des épidémies et des épizooties ne puissent être observées dans tous leurs détails, dans toutes leurs conditions, pendant le temps qu'elles passent comme de funestes ouragans sur les contrées les plus diverses par le sol, le climat, les races, les mœurs, etc., cela se conçoit trop facilement ; mais quant aux endémies et aux enzooties, qui sont atta-¹ chées à certaines portions limitées du sol ; qui ne s'en écartent que très rarement ; qui y règnent presque toujours ou même toujours en permanence ; qui sont, par conséquent, inhérentes à ce sol, ou à ses productions, ou à ses conditions climatériques, il nous paraît presque impossible qu'une observation incessante, intelligente et complète, ne parvienne pas à distinguer, parmi toutes ces conditions, celle qui altère la santé ou détruit la vie des hommes ou des animaux. C'est précisément parce que notre foi est grande sur ce point, que nous nous permettons d'insister sur cet important sujet, que nous aurions pu négliger sans nuire ni manquer au plan de cet ouvrage. Mais pour arriver à cette découverte, d'une si haute importance, il faut que les gouvernements ou, à leur défaut, les nations gouvernées, se rappellent et observent ce proverbe : qui veut la fin, veut les moyens. Le moyen, dans l'espèce, ce n'est pas d'envoyer un ou deux savants, fussent-ils des plus instruits et de la meilleure volonté, faire une promenade scientifique dans les localités moissonnées par les endémies ou les enzooties; le vrai, le seul moyen d'atteindre le but, c'est de nommer une commission nombreuse d'hommes compétents, qui prépareront d'abord un programme d'études longuement médité et rédigé ensuite avec le plus grand soin, les plus grands détails, la plus grande précision. Nous n'avons pas la prétention de tracer ici ce programme, qui demanderait le concours de plusieurs hommes d'aptitudes diverses ; mais nous pouvons en indiquer les bases principales.

La commission à nommer devra être composée de médecins, de vétérinaires, d'anatomistes, de naturalistes, de micrographes, de chimistes et de physiciens; elle devra résider en permanence, probablement pendant plusieurs années, dans les localités atteintes par l'endémie ou l'enzootie à étudier, et rayonner dans les localités environnantes épargnées par les maladies. Elle devra être pourvue de tout ce qui est nécessaire pour tracer les cartes topographiques rigoureusement exactes des localités frappées et des localités épargnées; ces cartes représenteront en tableaux frappants :

1° La constitution du sol;

2° Ses productions minérales, végétales et animales ;

3° La mortalité des hommes et des animaux;

4° Les altérations anatomo-physiologiques et physico-chimiques qu'on trouve sur les cadavres;

5° Les expériences physico-pathologiques qui seront faites, au fur et à mesure qu'elles le seront ;

6° Les modifications qui auront pu s'opérer avec le temps, dans toutes ces conditions; mais en se bornant, bien entendu, sur ce point comme sur tous les autres, aux notions absolument certaines, en écartant, par conséquent, tout ce qui ne serait que problématique.

Quand une pareille étude aura été poursuivie avec persévérance jusqu'à ses dernières limites, les causes des endémies et des enzooties en ressortiront d'elles-mêmes, et les, ou la cause, une fois connues, il est probable que le plus souvent il sera possible de les supprimer.

Mais comme, en administration, les plus utiles comme les plus beaux projets se heurtent toujours à des questions d'argent, on ne peut manquer de demander qui fera les frais de la vaste et savante enquête que nous indiquons. Ce n'est point notre affaire de répondre à une pareille question, c'est l'affaire de ceux qui tiennent en main l'administration des États. Nous dirons cependant à ces hommes et à ceux qui leur confient le soin de leurs intérêts, c'est-à-dire aux peuples, que si l'on voulait supprimer dans chaque État la centième partie des dépenses inutiles — sans y comprendre même celles qui entretiennent la plaie des armées permanentes, lesquelles sont fort nuisibles — il y aurait de quoi entretenir, aussi honorablement qu'on puisse le désirer, beaucoup plus de commissions permanentes qu'il n'en faut pour mener à bonne fin l'étude de toutes les endémies et de toutes les enzooties, et que d'ailleurs, rien ne serait plus facile, au besoin, que de faire supporter ces frais par les parties intéressées. Des supputations qui paraissent modérées ont évalué à plus de huit millions de francs les pertes causées par le sang de rate (c'est-à-dire par la seule affection charbonneuse du mouton) à la seule province française de la Beauce; croit-on que les éleveurs qui sont victimes de cette enzootie seraient beaucoup plus malheureux, si on les imposait, eux et leurs concurrents plus heureux, pour la *millième* ou la *deux millième* partie, ou moins encore, des pertes qu'ils font annuellement. Or, cet imperceptible impôt serait beaucoup plus que suffisant pour entretenir toutes les commissions nécessaires à l'étude que nous avons indiquée, et même pour faire surveiller leurs travaux, si besoin en était. Mais ce sont là des vérités, des mesures trop simples, trop peu éclatantes, pour séduire les gouvernements, et le public; le public agricole surtout a trop d'incurie et d'avidité aveugle, pour faire lui-même ce que ses mandataires ne savent ou ne veulent pas faire pour lui; il perdra dix journées en débats ou en marchandages inutiles ou onéreux, plutôt que de payer un franc pour tâcher de préserver ses moutons du sang de rate ou ses vaches du mal de montagne. La seule industrie de cette grande, chère et belle ville de Mulhouse, n'hésitait pas à dépenser plus de cent mille francs par an pour faire rechercher partout les procédés chimiques les plus propres à perfectionner son industrie, à la maintenir au premier rang dans le monde industriel ; mais toute l'agriculture française réunie ne donnerait pas cent mille centimes pour encourager la recherche des moyens propres à prévenir ou à combattre les maladies qui déciment ses troupeaux. Nos paroles, notre espoir auront-ils le privilége de la faire sortir de son apathie ? nous ne l'espérons guère ; mais, croyant qu'il est de notre devoir de parler, nous parlons : fais ce que dois, advienne que pourra ! La semence est jetée aux vents ; qu'un génie propice la transporte et la dépose dans un sol fécond !

En attendant que l'amour intelligent du bien public amène les gouvernements à la création de ces institutions utiles — ce que la lenteur du progrès ne permet guère d'espérer pour un avenir bien prochain — ils pourraient du moins favoriser et stimuler l'initiative individuelle par des encouragements et mieux encore par la création de prix sérieux à décerner aux hommes de bien qui parviendraient à atténuer considérablement, à plus forte raison, à détruire un fléau. Seulement, il ne faudrait pas prendre exemple sur le Conseil général de la Seine-Inférieure, qui avait créé un prix de *trois mille francs* en faveur de celui qui trouverait le moyen de détruire le ver blanc dont les dégâts dans certaines années se soldent par des dizaines de millions de pertes ! Il ne faudrait pas qu'un pays où l'on se pique de progrès et de justice continuât à récompenser les inventeurs utiles comme on a récompensé le malheureux Raclet, ou plutôt sa malheureuse famille, que l'État a dépouillée d'une fortune qu'il a, en propres termes, volée par abus de confiance. A l'administration de l'Agriculture et du Commerce, un homme d'intelligence et de bien a eu l'intention d'instituer des prix comme ceux dont nous parlons, et auxquels la commission épizootique, et notamment M. Bouley, s'était montrée opposée. Mais cet honorable fonctionnaire s'est plus tard rallié à l'idée de la bonne institution que nous sollicitons ; on ne fait aujourd'hui d'autre objection que celle tirée des finances. Mais cette objection est encore plus dénuée de sens que toutes les autres ; car il ne s'agit pas de faire des avances aux inventeurs — quoique en des temps heureux ces avances dussent être faites dans des conditions déterminées — mais seulement de les récompenser d'un service *rendu*. Or, suivant que le service rendu enrichira le pays d'un, de deux ou de trois cents millions par an, le pays ne s'obérerait pas, ce nous semble, en votant à l'inventeur une récompense du centième, du millième de la richesse qu'il nous a conservée. Si cette modique part avait été faite à l'infortuné Raclet, sa famille pourrait aujourd'hui faire de larges aumônes au lieu d'être forcée à en accepter d'aussi misérables qu'humiliantes.

B. — *Traitement*. — Dans ce paragraphe, consacré au traitement du charbon des animaux, où je n'aurais dû ressentir que la douce satisfaction de raconter le peu de bien que j'ai pu faire et d'apprendre aux autres comment ils pourront le faire à leur tour, j'éprouve le regret d'avoir à commencer par une triste tâche. Je la remplirai sans trop de rigueur, mais aussi sans faiblesse.

Dans la première édition de cet ouvrage, au début de l'année 1865, j'avais déjà conseillé l'acide phénique contre le charbon (et contre toutes les maladies contagieuses et infectieuses), et j'avais même rapporté une observation de guérison de pustule maligne chez l'homme. Pendant plusieurs années, mes efforts pour propager l'acide phénique n'eurent qu'un succès médiocre, et l'application au charbon de l'homme ou des animaux n'avait, en particulier, été répétée par personne ; moi-même je n'avais eu aucune occasion de la renouveler.

Telle était la situation, quand le 11 janvier 1869, M. H. Bouley communiqua à l'Institut l'extrait d'un rapport rédigé par M. A. Sanson, au nom d'une commission officielle chargée d'étudier ce que, dans une certaine partie de l'Auvergne, on appelle le *mal de montagne*, commission dont M. Bouley était le président. Dans l'extrait du rapport communiqué à l'Académie, il était dit que la commission s'était assurée que le mal de montagne n'était autre que le charbon, et qu'elle avait expérimenté avec succès, dans quelques-uns des cas qu'elle avait observés, l'acide phénique. De la première application que j'avais faite avec succès moi-même de l'acide phénique contre le charbon de l'hômme, il n'était pas dit un mot. Dans le journal *la Culture* qu'il rédigeait, M. Sanson, rédacteur du rapport communiqué en substance par M. Bouley, parlant de la communication de celui-ci, disait tout simplement : ..... « En tout cas, si, comme ceux qui ont été témoins des résultats obtenus en Auvergne ont de fortes raisons de le penser, *un moyen de guérison à peu près certain du charbon* A ÉTÉ TROUVÉ, l'administration, etc. » Ainsi, un moyen de guérison, « à peu près certain du charbon » — ou du charbon à peu près certain — *a été trouvé*, et comme, dans l'article de *la Culture*, pas plus que dans la communication de M. Bouley, il n'est dit un mot de l'auteur du livre sur les *nouvelles applications de l'acide phénique*, il va de soi que le moyen de guérison « à peu près certain du charbon » — ou du charbon à peu près certain — *a été trouvé* par la commission, ou plutôt par son rapporteur, M. Sanson. La multiplicité des injustices dont j'ai été l'objet ne m'a nullement habitué à les supporter patiemment. Celle qui m'était faite dans cette circonstance me blessa et me surprit d'autant plus que, depuis longues années, j'avais eu avec M. Sanson les meilleures relations. A la séance qui suivit celle où M. Bouley avait fait sa communication, je me rendis à l'Institut, pour y trouver M. Sanson; je l'y trouvai, en effet. Je lui exprimai tous mes regrets de l'oubli qu'il avait commis à mon préjudice, et lui dis que j'attendais de lui qu'il le réparât, et qu'il priât M. Bouley (que je ne connaissais point alors personnellement) de le réparer aussi. M. Sanson me promit avec empressement de faire tout ce que je lui demandais ; mais une séance nouvelle de l'Institut se passa, sans que M. Bouley fît aucune rectification, et un numéro du journal que rédigeait M. Sanson parut, sans que rien indiquât qu'on voulût tenir compte de ma légitime réclamation. J'écrivis alors à M. Sanson une lettre sévère, pour me plaindre de son silence et de celui de M. Bouley, et je reçus de lui, en date du 19 janvier, une réponse dont la forme entortillée ne me laissa pas le moindre doute sur l'intention bien arrêtée qu'avait M. Sanson, de ne publier aucune rectification, et de se gratifier du mérite d'avoir le premier appliqué l'acide phénique au traitement du charbon. A l'égard de la démarche dont je l'avais chargé auprès de M. Bouley, la lettre de M. Sanson renfermait ce qui suit :

« Je n'avais pu causer avant ce soir, avec M. Bouley, de vos prétentions relatives à l'acide phénique, prétentions que j'ignorais, lorsque vous m'en avez entretenu hier. En lui parlant comme je l'ai fait, je ne m'attendais pas, je vous l'avouerai, à la lettre que j'ai reçue de vous après notre conversation. Néanmoins, je ne retirerai rien de l'avis que je lui ai formulé *et qu'il ne m'a pas paru disposé à suivre, je dois le déclarer,* EN SE FONDANT SUR LA CONNAISSANCE QU'IL A PRISE DE VOS PUBLICATIONS. En tout cas, c'est lui qui est juge, étant le seul auteur de la communication qui vous a ému.

> Tout à vous, malgré tout,

> A. SANSON. »

Cette lettre me fixait sur les sentiments de loyauté de M. Sanson ; mais ce que je savais de M. Bouley, par la notoriété publique et par des connaissances et des amis communs, ne me permettait pas de m'en fier aux déclarations de M. Sanson. J'allai donc trouver M. Bouley en personne, pour l'instruire de mes droits de priorité et de ce que j'attendais de sa loyauté, et je ne fus nullement surpris de trouver dans M. Bouley de tout autres dispositions que celles que M. Sanson s'était plu à lui prêter, sans doute pour me détourner de poursuivre ma réclamation. M. Bouley, après s'être éclairé, accueillit ma demande avec la bonne grâce d'un parfait galant homme ; et, dans la séance de l'Académie du 1er février 1869, il déclara que j'étais le premier à avoir appliqué l'acide phénique au traitement du charbon. Voici les termes de sa déclaration : « M. Bouley croit devoir se faire l'interprète d'une revendication de priorité qui lui a été adressée à l'occasion de la communication qu'il a faite à l'Académie sur les propriétés curatives de l'acide phénique. Le 4 janvier 1865 — les *comptes-rendus* se trompent, c'est le 2 janvier — M. le docteur Déclat a envoyé à l'Académie un mémoire manuscrit sur les applications médicales de cet acide en médecine et en chirurgie. Dans ce mémoire, imprimé depuis, se trouve le récit d'un cas de guérison de pustule maligne par l'administration de l'acide phénique, *intus et extra.* M. BOULEY *a vérifié le fait et se fait un devoir de le rapporter.* » (Comptes-

rendus officiels des séances de l'Académie des sciences, 1er semestre de 1859, no 4, p. 199.) Voilà comment M. Bouley, *en se fondant sur la connaisance qu'il avait prise de mes publications,* n'était pas disposé à suivre les bienveillants avis que lui avait donnés l'équitable et le véridique M. Sanson!

Quant à M. Sanson lui-même, on devine sans peine qu'il se garda bien de suivre le bienveillant avis *qu'il n'avait point « formulé »* à M. Bouley, et qu'il donna un démenti au proverbe qui dit : Tel maître, tel valet. Quand j'eus attendu inutilement, au delà de tout ce que la patience la plus angélique peut permettre, l'exécution des promesses de M. Sanson, je lui écrivis la lettre suivante, par ministère d'huissier, puisqu'il n'y avait plus moyen de correspondre autrement avec un adversaire manquant aussi évidemment de véracité et de bonne foi; je ne parle pas de bienveillance, je ne lui en demandais pas.

« A Monsieur le Rédacteur en chef de *La Culture.*

» Monsieur,

» Depuis qu'il a été question d'applications médicales d'acide phénique, dans un rapport que vous avez rédigé et dont vous avez entretenu les lecteurs de votre journal, j'ai dû m'imposer la lecture de *la Culture* ou plutôt *des Cultures,* puisqu'il y en a deux, de format et de périodicité différentes, ce qui a son importance, au point de vue de la réclamation que j'ai à vous adresser.

» J'ai voulu et même dû m'assurer de quelle façon vous mettez en pratique les leçons de science, de critique et d'équité que vous distribuez volontiers à tout le monde, avec cette sérénité souveraine d'un homme qui se sent infaillible et invulnérable.

» J'ai donc lu *les Cultures,* et voici ce que j'ai constaté : dans l'une, celle du format in-8 propre aux collections, celle que vous destinez probablement à la postérité, vous avez parlé de l'application de l'acide phénique au traitement de la pustule maligne, sans dire un mot de l'ouvrage où vous avez puisé l'idée de cette application, quoique votre article ait paru après que M. Bouley, avec la loyauté que tout le monde se plaît à lui reconnaître, avait solennellement constaté devant l'Académie des sciences mes droits de priorité, et après que je vous avais personnellement rappelé ces droits. Grâce à ce premier article, voilà donc votre situation d'inventeur bien assise devant les générations présentes et futures.

» Dans l'autre *Culture*, celle que je ne voudrais pas appeler la *Culture légère*, mais que vous me permettrez bien au moins d'appeler la *Culture volante* (1), celle que vous supposez sans doute ne devoir pas durer plus que les roses, vous avez voulu vous mettre en règle avec l'équité ou tout au moins vous en donner les apparences.

» C'est ici, monsieur, que vous vous êtes trompé, et qu'au lieu de réparer vos torts vous les avez considérablement aggravés. Non content de passer sous silence les observations qui ont servi d'exemple à celles que vous avez faites après moi, vous cherchez à justifier ce silence par de très-mauvaises raisons. C'est ce que votre impartialité me permettra de vous prouver en peu de mots.

» Vous prétendez, d'abord, que mon observation de pustule maligne traitée avec succès par l'acide phénique était passée *inaperçue* au milieu de beaucoup, *en apparence* plus importantes que renferme mon livre sur les *applications médicales de l'acide phénique,* ce qui signifie — à moins que cela ne signifie rien du tout — que vous n'en aviez aucune connaissance, et qu'ainsi vous êtes justifié de n'en avoir rien dit. Je ne doute pas, monsieur, que cette doctrine ne trouve beaucoup de crédit auprès des ignorants et des plagiaires ; mais je ne doute pas davantage qu'elle ne soit sévèrement qualifiée par tous les hommes instruits qui auront conservé le moindre sentiment de justice. Je pourrais vous en donner de nombreuses preuves, si je ne tenais, avant tout, à être bref; mais, ne voulant user que le plus strictement possible de mon droit, je me bornerai à faire remarquer à vos lecteurs que ce serait une jurisprudence étrange que celle

(1) Cette *Culture* était tout simplement une feuille d'annonces contenant quelques articles qui n'étaient que la reproduction de quelques-uns de ceux qui avaient paru dans la *Culture* à prétentions scientifiques.

qui poserait en principe qu'il suffit d'ignorer les droits d'autrui pour les supprimer.

» J'ajoute, maintenant, qu'en fait, vous n'ignoriez même pas les miens : en admettant que mes observations ou seulement mon observation de pustule maligne fût passée inaperçue pour tout le monde, elle *n'a pas pu passer inaperçue* pour vous : je vous avais remis en mains propres un exemplaire de mon livre; vous en aviez rendu compte dans un journal, et, à moins que vous n'ayez l'habitude de juger les livres sans les lire, vous ne pouvez prétendre que vous ayez laissé passer inaperçue l'observation qui, de toutes celles que renferme mon travail, intéresse le plus les vétérinaires et les agriculteurs. Mais j'ai une preuve plus directe encore que cette observation n'était nullement passée inaperçue pour vous; car je sais que c'est vous, monsieur, qui avez conseillé l'essai de l'acide phénique contre le *mal de montagne*, que vous avez fait cet essai d'après les préceptes exposés dans l'ouvrage que je vous ai donné, et que vous avez prescrit le médicament *précisément à la dose que j'ai formulée*, et (circonstance importante) qu'avant moi tout le monde, sans en excepter M. Lemaire que vous faites intervenir assez inopportunément dans la question, considérait comme toxique.

» Je crois, monsieur, que voilà suffisamment éclairée la question principale. Je ne dirai que très-peu de mots de quelques questions secondaires.

» Vous dites que mon observation de guérison d'une pustule maligne a passé complétement inaperçue, au milieu d'autres *en apparence* plus importantes. Je ne puis comprendre comment des observations de guérison de fièvre typhoïde, de croup et même de cancer, peuvent être plus importantes, en apparence ou en réalité, qu'une observation de pustule maligne, maladie qui est presque toujours mortelle, traitée par les méthodes ordinaires. Peut-être est-ce parce que mon observation n'est que « *probable*, » comme vous le dites encore, tandis que les vôtres sont, *en apparence*, certaines. Ce qui est probable, peut-être, c'est que les lecteurs de *la Culture*, qui doivent être habitués à vos énigmes, comprendront un langage inaccessible au commun des martyrs ; quant à moi, qui n'y suis point habitué encore, il me paraît certain que, lorsqu'un critique qualifie de probable un fait publié par un observateur, il doit dire à quelles conditions ce fait pourrait être considéré comme certain ; et quand ce critique est lui-même ou prétend être un observateur, il doit publier des faits *certains*, à côté de ceux qui, suivant lui, ne sont que probables, afin que le lecteur puisse établir la comparaison. Or, j'ai lu la relation de vos faits, dans l'interminable rapport où vous les avez submergés, et qui exhale un parfum si prononcé du terroir où vous en avez puisé les éléments ; et j'ai la faiblesse de ne pas croire vos faits plus certains que les miens. Je ne désespère pas de vous le prouver, ou du moins à vos lecteurs, si voulez bien m'y autoriser, quand votre rapport aura été publié, s'il doit l'être, ce que je n'ose désirer dans votre intérêt, quoique cette œuvre soit réellement bien digne de votre talent, et qu'elle en porte à chaque ligne l'empreinte indélébile. »

         » Veuillez agréer, etc.

            » Dr DÉCLAT. »

On pouvait supposer qu'après les preuves démonstratives que renfermait cette lettre, mon habile plagiaire s'empresserait de renoncer au titre d'initiateur qu'il avait voulu usurper, et qu'il ne songerait qu'à faire oublier, par une retraite prudente, le rôle peu honorable qu'il s'était promis de jouer ; il n'en fut rien ; croyant sans doute que toutes les situations peuvent être défendues avec de l'audace, il fit suivre ma lettre des facétieuses remarques suivantes :

« Je n'ai nulle envie de relever les prétentions, assertions, imputations et appréciations du client de l'honorable M. Monet (1). Dieu merci, nos situations respectives, devant le public qui nous connaît et peut nous juger, ne le rendent point nécessaire. Je me bornerai à mettre sous ses yeux les pièces du procès, indépendamment de toute considération

---

(1) M. Monet est le nom de l'huissier auquel j'avais dû avoir recours pour triompher des sentiments d'impartialité que M. Sanson pratique si libéralement.... en paroles.

personnelle; car il importe avant tout que la vérité soit respectée.

» Voici ce qu'on lit à la page 177 du livre invoqué plus haut, dans un chapitre qui a pour titre : *De l'acide phénique dans les cas d'empoisonnement transmis par les insectes :* » — Suit la relation du cas de pustule maligne que j'ai publiée dans la première édition de cet ouvrage, après quoi M. Sanson continue ainsi :

« Je laisserai aux médecins, et même aux personnes simplement douées de bon sens, le soin de décider si je ne suis pas allé bien loin sur la voie de la bonne volonté, en consentant à considérer le fait ainsi exposé comme un cas *probable* de pustule maligne. Il suffira, pour apprécier la moralité de ce débat, de rapprocher des expressions si affirmatives employées dans l'exploit de M. Monet, les formes incertaines et réservées extraites du livre publié en 1865.

» Quoi qu'il en soit du caractère charbonneux ou non du cas dont il s'agit, je déclare sur l'honneur qu'au moment où les expériences d'Auvergne ont été entre, rises, je n'en avais absolument aucune connaissance, et que les premiers aperçus des proportions pour l'eau phéniquée à essayer, dans ces expériences, ont été tirés de l'*Officine* de M. Dorvault, en présence et avec le concours de M. Félix Martin, pharmacien à Allanches (Cantal).

» J'ai l'orgueil de croire que la sincérité de ma déclaration à cet égard ne sera point infirmée par les raisonnements intéressés du client de M. Monet, qui ne craint même pas de pousser la délicatesse jusqu'à se faire un argument des excès de bienveillance qu'on a pu avoir pour lui.

» A. SANSON. »

L'audace peut avoir du bon; mais, quand elle n'est pas accompagnée du bon droit, elle ne réussit pourtant pas avec tout le monde. J'en administrai immédiatement la preuve à mon fier plagiaire, dans la lettre suivante :

« Monsieur,

» En accompagnant d'assertions inexactes, et de réflexions inconvenantes la réclamation que vous m'avez obligé à vous adresser, vous me mettez dans la nécessité de vous en adresser une seconde. J'espère que celle-ci vous suffira et que vous vous abstiendrez de toute remarque de nature à rendre indispensable la continuation d'une correspondance qui n'a aucun charme pour moi.

» En votre qualité d'encyclopédiste, vous n'ignorez pas cet adage, très-connu au palais, que tout mauvais cas est niable, et, avec une merveilleuse aptitude à vous approprier ce que les autres ont inventé, vous persistez à nier que vous ayez pris dans mon livre sur l'*acide phénique* l'idée d'appliquer ce produit au traitement de la pustule maligne et du charbon, et, ne voulant point discuter mes « *prétentions, assertions, imputations et appréciations,* » vous vous contentez presque — pas tout à fait cependant — de placer votre négation sous l'égide de votre « *parole d'honneur,* » de votre *situation dans le monde,* » et aussi, un peu, sous la garantie du témoignage de M. Félix Martin, pharmacien à Allanches (Cantal), manière adroite de rappeler que votre rapport a été rédigé sur le territoire de la haute Auvergne, précaution bien inutile, je vous assure, pour tous ceux qui ont lu ou qui liront votre rapport.

» Pas plus que vous n'avez envie de « relever » mes « prétentions, » je n'ai, monsieur, dessein de passer en revue toutes les vôtres; la besogne serait d'ailleurs beaucoup plus difficile, quoiqu'elle ait été déjà passablement ébauchée par M. le Dr Fleury (voir le *Mouvement médical* du 16 mai 1849).

» Que vous preniez des choux pour des pommes de terre; que vous donniez au cochon tantôt *quatorze*, tantôt *quinze* côtes, suivant votre penchant quotidien à la générosité, et à l'homme *quatorze*, toujours (1); que vous vouliez faire « TABLE

(1) Ceci n'est point une plaisanterie; notre savant plagiaire a donné quatorze côtes à l'homme, et cela encore dans une discussion avec un M. Gayot qui discutait précisément sur les quatorze *et* les quinze côtes du cochon; ce qui n'est pas une plaisanterie, non plus, c'est que ledit M. Gayot n'a rien trouvé à répliquer

RASE » de toutes nos connaissances, de toutes nos doctrines d'économie sociale, pour fonder, à vous tout seul, un nouvel ordre social (voir toujours le *Mouvement médical*), tout cela importe peu à la question dont il s'agit entre nous, et tout cela dépasse de beaucoup la sphère de ma compétence; s'il n'appartient pas à tout le monde d'aller à Corinthe, il appartient bien moins encore à tout le monde d'augmenter de deux, ou même d'une seule, le nombre des côtes de l'homme, et d'établir un nouvel état social. Ce que je veux éclaircir, c'est tout simplement si j'ai le premier conseillé *et administré*, à l'intérieur, l'acide phénique dans la pustule maligne; si je l'ai conseillé *et administré* à une dose que le petit nombre de ceux qui s'étaient occupés d'acide phénique considéraient comme toxique; si vous l'avez prescrit aux mêmes doses; si vous avez voulu vous approprier la priorité de cette application, et si, enfin, vous avez refusé de reconnaître votre erreur, quand il vous était impossible d'ignorer que c'était...... une erreur ! Voilà, monsieur, « puisqu'il vous importe, *avant tout*, que la vérité soit respectée, » ce que vous me permettrez d'établir avec la plus éblouissante clarté ; je croyais l'avoir déjà fait dans ma dernière lettre; mais, puisque vous me dites que je n'y ai pas réussi, il faut que je vous croie au moins en cela, et que je vous fournisse un complément que vous-même jugez né· cessaire.

aux quatorze côtes de l'homme. Il paraît que les prétentions de M. Sanson à un fauteuil de zoologiste à l'Institut ne sont pas non plus une plaisanterie (dans son esprit); ce qui est certain, c'est qu'il aspire à aller professer les quatorze côtes de l'homme dans une chaire de zootechnie de l'État; il y en a même qui assurent qu'il les professera au nom de la République comme il devait les professer « au nom de l'Empereur, *qui personnifie en lui* — dit ou plutôt disait M. Sanson — *le génie de la France* ! »

P. S. — J'apprends, pendant que je corrige ces épreuves, qu'en effet l'admirateur enthousiaste de Napoléon III, « *qui personnifie en lui le génie de la France*,» vient d'obtenir de la République, dans une école agricole, une chaire de zootechnie où il pourra enseigner à ses élèves et à M. Gayot que l'homme a toujours *quatorze* côtes, et le cochon tantôt *quatorze* et tantôt *quinze*. Voilà un professeur qui va dignement représenter l'enseignement zootechnique de la France et nous préparer une fameuse génération d'agriculteurs-zootechniciens! On explique de diverses façons les motifs qui ont pu valoir à l'inventeur des quatorze côtes de l'homme certain suffrage qui a contribué, pour une bonne part, à doter la France de ce professeur sans pareil; l'histoire ne nous paraît pas avoir assez d'intérêt à connaître ces explications, pour que nous jugions utile de les mentionner du moins dans cette édition.

» Vous déclarez donc, monsieur, *de par votre honneur*, qu'au moment où les expériences du Cantal ont été entreprises, vous n'aviez « aucune connaissance du cas de pustule maligne pu-
» blié dans mon livre, et que *les premiers aperçus* DES *proportions*
» POUR *l'eau phéniquée* à essayer, ont *été tirés de l'Officine* de
» M. Dorvault, *en présence et avec* LE CONCOURS de M. Félix Mar-
» tin..... » Ah ! monsieur.... :

» *Felix qui potuit.......*

» Comprendre et accepter ce français pur et limpide, scellé du sceau de votre honneur ! Si votre honneur ressemble à votre français, ah ! monsieur...., comment, c'est « en présence et avec le concours de M. Félix Martin que vous *tirez de l'officine Dorvault* DES *aperçus* DES *propositions* POUR l'*eau phéniquée à essayer dans ces expériences ! ! !* Si c'est là, monsieur, ce que vous tirez de l'*Officine*, je ne m'étonne plus que vous ayez tiré quinze côtes d'un seul cochon et quatorze d'un seul homme ! ! Mais, monsieur, ne craignez-vous pas, à moins que vous n'ayez fait « *table rase* » de la logique comme de l'anatomie et de « l'économie sociale, » ne craignez-vous pas que ceux qui raisonnent encore, du moins ceux qui raisonnent d'après la vieille méthode, ne se tiennent à eux-mêmes à peu près ce langage :

» Voilà un critique qui a rendu compte d'un livre sur les *applications médicales de l'acide phénique* (1), et qui, devenant,

---

(1) Il ne faut pas croire que ce soit une seule fois que M. Sanson ait parlé de mes observations, ni qu'il ait dit de mon livre quelques mots à la volée, comme pourrait le faire un journaliste étranger au sujet dont il parle. Voici comment débutait un des articles qu'il voulut bien me consacrer :

« Nous avons parlé naguère *des cas intéressants de guérison* communiqués à l'Académie des sciences par M. le docteur Déclat, où il s'agissait des propriétés thérapeutiques de l'acide phénique, cet agent qui semble devoir être une véritable conquête pour la médecine et surtout pour la chirurgie. *Le détail* de ces cas, auxquels de nouveaux » — le critique connaissait donc les anciens et les nouveaux cas — « se sont ajoutés depuis, vient de paraître en un beau volume. L'auteur y traite *avec beaucoup de mesure et de convenance la question de priorité* que ses premières communications ont soulevée et dont la revendication est peut-être la meilleure preuve de leur valeur... etc. » L'auteur continue une colonne durant. Cela se lit dans le journal *La Presse* du 30 octobre 1865 et porte la signature : A. Sanson.

Dans un autre article du même journal, M. Sanson, parlant de mes luttes et de mes recherches, terminait ainsi : « *La justice est parfois tardive, mais elle ne manque jamais de venir.* » — On voit que, si M. Sanson cherche aujourd'hui à en retarder l'avénement ce n'est pas faute de savoir de quel côté elle se trouve, ni d'avoir — théoriquement — comme M. Lemaire — de bons principes.

par occasion, praticien-vétérinaire, va « tirer *les* premiers aperçus *des* proportions *pour*, » non dans ou de ce livre spécial, mais dans l'*officine* Dorvault (1)! Mais l'*Officine* n'est pas un traité de thérapeutique; c'est un gros formulaire; ce n'est pas une œuvre originale; ce n'est qu'une compilation, d'ailleurs inintelligente et inexacte; et l'on ne peut guère y aller « tirer » ou chercher que la mention ou le résumé de ce qui a été fait ou dit ailleurs. Donc, pour avoir l'idée, assez plaisante, du reste, d'aller « tirer *des* aperçus *des* proportions *pour....* » etc., il faut déjà savoir que la substance sur laquelle ou à propos de laquelle on veut tirer ces aperçus, a déjà été prescrite dans des cas semblables ou analogues à ceux dans lesquels on veut l'appliquer de nouveau. Ce ne sont donc pas les « *premiers* » aperçus qu'on peut prétendre avoir « tirés » de l'*Officine*, mais, tout au plus, les *seconds*. D'où donc les *premiers* ont-ils été « tirés? » A moins que vous n'ayez, monsieur, la prétention folle de les avoir tirés de votre cerveau — ce que vous n'avez point prétendu encore — il faut bien que vous les ayez « tirés » *du seul endroit où ils se trouvent.*

» Je ne sais, monsieur, ce qu'il vous semblera de ce raisonnement; mais je crois qu'il n'est pas « *mauvais, mauvais, mauvais!* » comme l'article de M. Fleury. (Voir plus que jamais le *Mouvement médical* du 16 mai 1869.)

» Voici un petit détail qui rendra peut-être le raisonnement meilleur encore : c'est que ce livre a été publié deux ans après le mien; c'est que, dans cette *Officine*, d'où vous « tirez *des* aperçus *des* proportions *pour* l'eau... etc., » il n'est nullement question des doses auxquelles on peut donner l'acide phénique à l'intérieur (2), soit chez l'homme, soit chez les animaux;

---

(1) Où ils se trouvent, d'ailleurs, de la façon que l'on sait (voir ci-dessus, p. 193), ce qui est absolument la même chose ou même pire que s'ils ne s'y trouvaient pas.

(2) Ou plutôt il y en est question de la façon que nous avons indiquée même page. Si M. Sarson avait « tiré des aperçus des proportions pour, » de la compilation Dorvault, il l'aurait sans doute fait à la manière d'un pharmacien d'A... (il nous saura gré .. peut-être, de taire le nom de sa ville). Voici ce que nous écrivait un honorable et intelligent agronome qui nous consultait sur l'application de l'acide à des cas de morsures faites par un chien enragé : « J'avais fait préparer par mon pharmacien d'A... un litre d'eau-de-vie de cidre phéniquée............ Un demi-litre pourrait, je pense, produire une ivresse complète, mais je craindrais que la

le seul indice qui existe à cet égard est la mention de pilules renfermant chacune *une goutte* d'acide phénique ; ce qui, par parenthèse, serait une détestable préparation, bonne tout au plus à cautériser l'estomac des malades auxquels on aurait eu l'imprudence de l'administrer. D'ailleurs, comme on ne dit pas le nombre de ces pilules qu'on doit prescrire par jour, je ne vois pas trop quels aperçus *premiers*, ni même *seconds*, on peut tirer de pareilles données. S'il n'est pas question des doses dans l'*Officine*, il y est moins encore question de *pustule maligne* ou de *charbon*; il n'y est même fait mention que des applications externes de l'acide phénique ; la diarrhée et les vomissements *continus* sont les seules maladies internes dont on y parle; le choix est singulier et ne peut guère, vous en conviendrez vous-même, je crois, fournir « *des* aperçus *des* proportions *pour...*» des applications contre le charbon et la pustule maligne; tandis que dans le livre que je vous ai donné en 1865, dont vous avez rendu un compte détaillé dans le journal *La Presse*, et que vous avez retrouvé chez vous, en 1869, pour en publier un extrait *incomplet*, il y a (page 176, dans le paragraphe qui précède l'observation du cocher de M. Debaker) :

« Le diagnostic, pour l'homme, vient donc surtout du contact
» des mouches qui ne piquent pas, et cela parce qu'on ignore le
» danger et qu'on ne le soupçonne qu'après les premiers symp-
» tômes de gonflement, de malaise ou de maux de cœur, et
» quelquefois il est déjà trop tard, comme cela arrive si souvent
» DANS LA PUSTULE MALIGNE. Par quels moyens donc se préser-
» ver de ce danger? Le premier....; le second est d'avoir tou-
» jours chez soi pendant l'été *un flacon d'acide phénique*. L'action
» de cet acide est précieuse et rapide, *dans ces circonstances* ;
» comme preuve, je citerai une observation que j'ai recueillie
» récemment. »

» Vous avez donc bien fait, monsieur, de placer sous le bou-
clier de votre honneur votre justification ; il est bien évident

---

dose de dix grammes par demi-litre, que ce pharmacien m'a dit pouvoir être prise sans inconvénient, ne soit beaucoup trop forte, et heureusement je n'en ai point fait prendre.... » Voilà « *les aperçus des proportions pour* » qu'on peut tirer de la compilation Dorvault! Que M. Sanson avoue donc que ce n'est point de là qu'il a tiré les siens. *Pillage avoué* est à moitié pardonné.

qu'elle ne saurait s'abriter désormais sous celui de la logique — ancienne — ni même sous celui de l'*Officine* Dorvault.

» Reste à savoir lequel ou laquelle, d'une logique irréfragable ou de votre honneur, trouvera le plus de crédit devant le public ou du moins devant la portion de public qui voudra bien nous consacrer quelques moments d'attention et se laisser guider par les principes généraux d'équité et de logique — ancienne — et non d'après « *nos positions respectives*. » On dit, il est vrai, que vous aspirez à de très-hautes positions ; mais, pour le moment, il vous faut consentir à laisser juger votre conduite par vos actes, et votre intelligence par ses produits, « indépendamment » —comme vous le dites très-agréablement, — « de toute considération personnelle, car il importe, avant tout, que la vérité soit respectée ; » j'ajoute : et la logique aussi. Il ne me reste que quelques mots à écrire pour achever de démontrer comment vous avez respecté l'une et l'autre.

» Après avoir reproduit, un peu tard, l'observation de pustule maligne du cocher, vous laissez aux « personnes de bon sens » le soin de décider si vous n'avez pas donné une grande preuve de bonne volonté (lisez générosité) en considérant comme un cas *probable* de pustule maligne le fait que j'ai observé, malgré « les *formes* incertaines et réservées, indéterminées, *extraites* du livre publié en 1865. » Je ne discuterai point avec vous, monsieur, si l'on extrait d'un livre des phrases ou des formes, et pas davantage si une forme est indéterminée, quand elle est réservée, discussion sans doute superflue avec un critique consommé comme vous. Je me contenterai de vous faire remarquer qu'avant d'être généreux, il faut d'abord être juste. Je comprends parfaitement que lorsqu'on affirme, avec cette merveilleuse assurance que rien ne saurait ébranler, que le cochon a *quatorze* et *quinze* côtes et l'homme *quatorze*, invariablement, on ait peu de goût pour les formes réservées ; mais ce que je comprends moins, c'est que, ne vous sentant pas édifié sur le diagnostic du fait que vous m'empruntez, vous n'ayez pas pris la peine de lui en substituer un mieux motivé : si le malade que j'ai guéri n'avait pas une pustule maligne, il avait probablement une autre maladie ; il paraissait donc naturel de dire quelle était cette autre maladie. Pourquoi ne le dites-vous pas, au lieu de vous draper dans un manteau de générosité qui n'est même pas *probable ?*

» Autre remarque. La pustule maligne est une maladie infectieuse, contagieuse ; or elle n'est pas la seule de sa catégorie qu'on trouve dans mon livre ; j'ai consacré un chapitre aux maladies contagieuses, septicémiques et épidémiques ; je cherche à démontrer comment on peut guérir ou prévenir ces maladies ; je cite, notamment, des guérisons de fièvre typhoïde, de croup, etc.; le fait de pustule maligne n'est donc pas isolé, dans mon livre; il y est en compagnie de beaucoup de faits analogues, dans lesquels l'acide phénique a été administré à la même dose, avec le même résultat; pourquoi n'avoir pas étayé de ces analogies la *probabilité* que votre générosité accorde à mon diagnostic? et si l'équité exigeait qu'on n'isolât pas ce diagnostic des analogies qui l'entouraient, la logique ne commandait-elle pas de « tirer des aperçus » de ces analogies, au lieu d'aller les extraire d'un formulaire *où ne se trouve même pas l'indication qu'on dit y avoir prise!*

» Mais il y a plus : quel intérêt avez-vous aujourd'hui, monsieur, à contester mon diagnostic, puisque vous déclarez nettement, « sur l'honneur, » que vous n'aviez « absolument aucune connaissance » du fait, quoique vous eussiez rendu compte de l'ouvrage où il se trouve relaté ? Du moment que vous ne le connaissiez pas, il est évident que vous ne pouviez en tirer des indications. Que vous importe donc qu'il soit improbable, ou probable, ou certain? Votre code de morale de *table rase* expliquera sans doute cela ; mon code de vieille logique ne saurait l'expliquer.

» D'ailleurs, je reviens sur un argument que je vous ai déjà présenté dans ma première lettre : quand l'article où vous semblez vous attribuer la priorité de l'acide phénique a paru, je vous avais, *personnellement, parlant à votre personne,* fait une et même deux réclamations; j'en avais adressé une à M. Bouley, qui avait bien voulu reconnaître mes droits devant l'Académie; vous ne pouviez plus donc prétexter d'ignorance, en admettant que, d'après votre nouveau code de morale, — qui ferait vraiment *table rase* de l'ancien — l'ignorance devienne un titre de propriété à tout ce qu'on ignore! Vous l'avez si bien senti, qu'après avoir proclamé le mérite de votre découverte, dans *la Culture* in-8°, vous avez fait semblant de suivre l'exemple honorable de M. Bouley, et vous avez publié un simulacre de réparation, mais cela, dans *la Culture* volante, qui paraît n'être qu'une superfétation de l'autre, qu'une feuille d'annonces, que personne ne lit peut-être, et vous avez voulu vous ménager, ainsi, les apparences de la justice et les bénéfices... des « aperçus tirés... de l'*Officine!* »

» Et vous parlez, monsieur, de la « moralité de ce débat », de notre « situation respective devant le public, » de votre « bienveillance. » — De votre bienveillance ! et vous ne craignez pas que ce mot ne m'oblige à parler de la mienne à votre égard ! En ce point seulement, vous avez raison pour cette fois ; car je n'en parlerai pas encore. Mais je vous en prie, plus pour vous que pour moi, ne m'obligez pas, par de nouvelles réflexions inconvenantes, à vous écrire une troisième lettre ; je ne répondrais pas de ne pas faire connaître, alors, la vérité tout entière, après l'avoir fait connaître en partie. Vous avez parlé de mon livre, c'est vrai, vous en avez parlé favorablement, c'est vrai encore ; je crois vous en avoir remercié en temps opportun ; mais si vous avez compté que votre bienveillance passée vous autorisait à vous approprier ce que mon livre peut renfermer d'utile, et qu'elle m'empêcherait de revendiquer mes droits, à l'occasion, vous vous êtes gravement trompé. Je ne porte pas, comme vous, le monde entier sur mes épaules ; je ne veux réformer ni la culture, ni la chimie, ni l'histoire naturelle, ni la science sociale ; mes travaux sont infiniment plus modestes et plus restreints, et je ne puis abandonner le peu que j'ai fait aux convoitises de personne.

» Veuillez agréer, etc.

» Dr DÉCLAT. »

On ne s'expose pas à recevoir de pareilles leçons pour en profiter ; et ceux qui les donnent ne le font que pour l'édification du public. M. Sanson n'en profita donc point : il mit un terme à ses inconvenances, mais il continua sa piraterie scientifique, et, sans jamais avouer son larcin, il put, avec un peu plus

d'astuce, continuer à se présenter comme l'initiateur de la médication phéniquée contre le charbon. Il ne dit jamais franchement : C'est moi, Jeannot, berger de ce troupeau, qui ai eu
le premier l'idée d'appliquer l'acide phénique ; mais il dit,
comme dans *la Culture* du 1er novembre 1869, par exemple, six
mois après avoir reçu les étrivières : « Faisons remarquer que
les faits se multiplient de toutes parts pour démontrer l'efficacité du traitement *préconisé* DANS NOTRE RAPPORT sur le mal des
montagnes de l'Auvergne. » Cela suffit pour que la tourbe des
dupes, vrais moutons de Panurge, soit persuadée que *préconisé*
veut dire *inventé* ; pour que la tourbe des complices fasse semblant de l'être, et pour qu'un mois après avoir lu les phrases
que nous venons de citer, on en lise comme celles qui suivent,
écrites par un médecin, jusque dans les *régions* transmaritimes :
« Ces faits confirment de tous points les succès du même genre
dénoncés cette année à l'Académie des sciences, notamment
par M. Sanson..... etc. » Cela est extrait de la *Gazette médicale*
de l'Algérie et signé du rédacteur en chef. Ainsi a procédé
M. Chauffard, à propos de la variole : « L'idée de cette médication, dit-il, m'a été suggérée par le travail de M. Sanson sur
les heureux effets de l'emploi de l'acide phénique à haute
dose (1), appliqué au traitement du mal de montagne. » Et les
médecins se plaignent quelquefois de la manière dont le public
pratique la justice à leur égard, quand ils la pratiquent entre eux de cette façon ! Mais le tour du bon droit arrive ; et, malgré dupes et complices, M. Sanson n'aura probablement guère
moins de peine à faire accepter par l'histoire sa priorité en
matière d'acide phénique que les quatorze côtes dont il a gra-
tifié l'homme. C'est là ce que M. Sanson apprend à la Société
d'anthropologie dont il est un des membres les plus zélés ; on
peut en inférer ce qu'il enseignera à ses élèves, quand il sera
professeur de zootechnie ou d'économie sociale ! (2).

(1) M. Sanson, comme tous mes plagiaires, a administré l'acide phénique aux
doses que j'ai prescrites, qui ne sont ni de hautes ni de basses doses, mais les
doses que l'expérience m'a démontré être les plus convenables.

(2) En écrivant cette note, nous pensions faire une plaisanterie, mais on a vu
précédemment que, pendant la correction de ces épreuves, la plaisanterie est
devenue une réalité. Pauvre agriculture française ! Ce n'est pas avec de pareils
professeurs qu'elle marchera à la tête de ses émules.

On comprend que si la médication phéniquée n'avait pour elle que l'autorité d'un pareil professeur, elle ne pèserait pas d'un poids bien lourd dans la balance du progrès. Mais, par bonheur, elle n'en est pas réduite à ce triste témoignage. D'abord, les faits observés en 1868 en Auvergne ne l'ont pas été par M. Sanson tout seul ; il y avait là des témoins qui, comme MM. Bouley, Baillet, Bonnet, Marret, avaient un peu plus de consistance que l'inventeur des quinze côtes du cochon, des quatorze côtes de l'homme et de la fameuse théorie chimique de la transformation de l'albumine en diastase ; en sorte que les faits d'Auvergne conservent leur valeur, quoique vus et racontés par M. Sanson. Mais, depuis 1868, bien d'autres sont venus les confirmer ; en sorte qu'aujourd'hui, ces faits sont assez nombreux pour qu'il soit à peu près impossible de les rassembler tous. Malgré leur nombre, leur signification n'a point paru, cependant, assez frappante pour entraîner d'emblée toutes les convictions : aujourd'hui encore, des vétérinaires et des médecins fort honorables, non-seulement n'acceptent pas ces faits comme démonstratifs, mais dénient absolument toute efficacité à l'acide phénique. L'honorabilité et la compétence de ces dissidents nous obligent à examiner sérieusement et avec ordre les motifs de leur opposition ; pour y parvenir, nous croyons devoir exposer d'abord les faits qui nous paraissent démontrer l'efficacité de l'acide phénique et d'un autre médicament que nous ne pouvons faire connaître encore, contre le charbon des *diverses espèces* animales, — car nous aurons, sous le rapport des espèces, à résoudre et à signaler des difficultés pathologiques du plus haut intérêt ; — et ensuite nous essaierons d'apprécier la valeur des objections que les adversaires de la médication phéniquée opposent à ces faits.

Voici donc les résultats obtenus par les différents expérimentateurs sur les animaux de l'espèce bovine et chevaline ; nous mentionnerons après ceux qui ont été obtenus sur l'espèce ovine (1).

---

(1) Quelques animaux de cette dernière espèce sont cependant confondus dans certaines narrations avec ceux des espèces précédentes ; nous les laisserons à leur place pour ne pas interrompre les relations des auteurs.

Si la commission présidée par M. Bouley n'a pas inauguré l'emploi de l'acide phénique contre le charbon, c'est évidemment la communication de cet honorable savant, à l'Académie des sciences, qui a donné la plus grande impulsion à cette méthode de traitement ; c'est donc par les faits relatés dans la communication de M. Bouley que nous devons commencer le relevé de ceux qui sont jusqu'à ce jour parvenus à notre connaissance. M. Bouley faisait précéder, à l'Académie, l'exposé des faits qu'il avait à communiquer, de cette appréciation générale : « Les essais qui ont été faits à Allanche ont donné de premiers résultats qui sont pleins d'espérances. » Cette appréciation d'un juge aussi compétent ne devait pas être passée sous silence ; car si, pour le lecteur, les faits n'ont de valeur que par leur masse et par leur exactitude, pour l'expérimentateur ils ont souvent, dès le début, une signification que les témoins oculaires peuvent seuls apprécier.

« Dans les expériences d'inoculation faites par la commission, continue M. Bouley, tous les animaux inoculés efficacement (1) et sur lesquels la maladie transmise a été abandonnée à sa marche naturelle sont morts, sans aucun exception. Ce fait bien établi, on a inoculé le charbon à quatre brebis et à un taurillon ; et, lorsque les symptômes qui se sont manifestés ont mis hors de doute que l'inoculation avait produit ses effets, on leur a administré des potions phéniquées, contenant 1 gramme d'acide phénique pour 100 grammes d'eau ; la dose pour le sujet de l'espèce bovine a été de 10 grammes dans un litre d'eau administré en deux doses égales, et pour les brebis de 1 gramme seulement.

» Sur les quatre brebis inoculées, une seule est morte, mais plus tardivement que lorsque l'inoculation suit sa marche naturelle. Les trois autres ont survécu, ainsi que le taurillon.

» M. Missonnier, membre de la commission, vétérinaire à Murat, a traité avec succès par de l'eau phéniquée au centième, deux vaches affectées du charbon contracté naturellement.

---

(1) Ce mot prouve qu'il y a eu des inoculations qui n'ont pas donné de résultat positif. C'est un fait que l'on doit retenir ; nous aurons à le rappeler un peu plus loin, en le rapprochant de nombreux faits semblables.

Enfin, M. Lemaître, qui exerce à Étampes, c'est-à-dire dans un pays où le charbon règne en permanence, a administré l'acide phénique à cinq chevaux affectés de charbon, et tous les cinq ont survécu. » (*Comptes rendus des séances de l'Académie des sciences*, année 1869, n° 2, séance du 11 janvier.)

En 1869, une nouvelle commission composée des mêmes membres que la précédente (moins M. Sanson qui, en effet, était pour le moins superflu, et dont la fameuse théorie chimique avait eu le même succès que son rapport) fut chargée de continuer les travaux de celle-ci. Sans mandat officiel comme sans indemnité, j'eus l'honneur de me mêler un instant — c'est-à-dire infiniment moins que je ne l'aurais voulu — à la partie thérapeutique de ces travaux, partie que le savant rapporteur, M. Baillet, relate ainsi qu'il suit :

« C'est au *Grand-Bos* et à *Gramont* que M. Marret et moi nous avons fait des essais de traitement. Dans la première visite que nous fîmes au *Grand-Bos*, le 17 juin, vers trois heures de l'après-midi, nous trouvâmes cinq vaches que le battier (le pâtre) avait séparées des autres ; on avait déjà perdu au *Grand-Bos* quinze vaches du mal de montagne, et tout le troupeau paraissait bien évidemment sous le coup de la maladie. Nous examinâmes les bêtes isolées, et M. Marret, dont la compétence en pareille matière ne saurait être douteuse, reconnut que l'une d'elles était dans un état désespéré, et que les quatre autres étaient gravement atteintes. — Dix grammes d'acide phénique en solution dans un litre d'eau furent administrés, séance tenante, à chacune des bêtes. Entre outre, cinq autres doses égales furent laissées au pâtre, avec indication de les administrer le lendemain matin. — Nous ne pûmes retourner au *Grand-Bos* que le 23 du même mois. Nous apprîmes alors que la plusmalade des vaches avait succombé, le 18 dans la matinée, et que les quatre autres s'étaient rétablies. Du reste, nous pûmes nous convaincre que l'état du troupeau était plus satisfaisant. Cependant il y avait dans les parcs qui servent en quelque sorte d'infirmerie, deux vaches que le battier avait isolées le matin même. L'une d'elles parut à M. Marret assez dangereusement atteinte. Nous ouvrîmes la veine saphène externe à son passage sur le jarret et nous recueillîmes du sang.

25.

Avant de nous retirer, nous fîmes administrer à chacune des deux bêtes quinze grammes d'acide phénique. Toutes deux ont guéri.

» Le 24, le sang recueilli le 23 fut examiné. Il s'était en partie coagulé dans le tube et avait pris une teinte rutilante. Ses globules fortement érodés, étoilés même sur leur pourtour, n'étaient point adhérents les uns aux autres. Ils étaient accompagnés de corpuscules de diverses formes, les uns presque ponctiformes, les autres un peu linéaires, mais d'un aspect différent de celui que présentent ordinairement les véritables bactéridies. Cependant, après un examen prolongé pendant une grande partie de la journée, nous réussîmes, M. Marret et moi, à voir, dans ce liquide, quelques bactéridies bien caractérisées, mais d'une extrême rareté. Il est probable que cette bête était arrivée à la période où les bactéridies commencent à peine à se répandre dans la circulation.

» A Gramont nous n'avons essayé le traitement que sur une seule vache. Cette bête était gravement malade. Nous n'hésitâmes pas à lui donner, en une seule fois, 20 grammes d'acide phénique. Nous avons su depuis qu'elle avait guéri.

» Je ne dirai que quelques mots des expériences de M. le docteur Déclat auxquelles j'ai assisté. M. le Dr Déclat emploie l'acide phénique par un procédé particulier qu'il ne m'appartient pas de décrire. Instruit des ravages que fait le mal de montagne en Auvergne, il désira se trouver avec M. Marret et moi dans les pâturages et faire l'essai de son procédé.

» Le 2 juillet, dans l'après-midi, M. Déclat, M. Marret, M. le D^r Ch. Bonnet et moi, nous allâmes d'abord au *Grand-Bos*, où il n'y avait pas pour le moment de bête malade, puis à *Gramont*. Là, nous trouvâmes une vache que le battier avait isolée et que M. Marret jugea très-malade. Du sang fut recueilli à la saphène externe et examiné le lendemain matin à sept heures. Ce sang comme celui de la vache du *Grand-Bos*, avait ses globules érodés et étoilés, mais non adhérents entre eux. Il contenait aussi quelques corpuscules ponctiformes, mais il me fut impossible d'y découvrir, après un examen de trois heures, aucune bactéridie.

» M. le Dr Déclat fit sur cette vache l'application de sa méthode de traitement par l'acide phénique. Je n'ai point revu cette bête, mais M. Marret m'a écrit à la date du 5 août que le battier lui avait rapporté que, peu après notre départ, elle s'était laissée aller sur le sol, paraissant toucher à son dernier moment, mais que le lendemain elle était debout, cherchant à sortir, et qu'elle s'était complétement rétablie avec une rapidité merveilleuse.

» Deux autres vaches malades, traitées le 8 juillet par M. Déclat, de la même manière, à la montagne des *Ouides hauts* et à la montagne des *petits Ouides*, ont également guéri.

» Nous aurions voulu, M. Déclat, M. Marret et moi, multiplier ces tentatives de traitement; malheureusement, nous ne l'avons pas pu. Il faut avoir parcouru les montagnes comme nous l'avons fait cette année et l'année dernière pour savoir combien il est difficile de poursuivre de semblables opérations..... (1).»

Voici, maintenant, l'appréciation de M. Baillet sur ces expériences :

« Quelque peu nombreuses qu'elles soient, nos expériences de traitement n'en ont pas moins une certaine valeur. Entreprises sur des animaux qui avaient contracté la maladie au sein des pâturages, elles ont été dans tous les cas, à l'exception d'un seul, suivies de guérison. Nous devons nous hâter de dire, cependant, que, dans notre pensée, nos résultats ne doivent être acceptés qu'avec une certaine réserve, en raison de ce fait, bien des fois observé par M. Marret, que tous les animaux isolés par les battiers ne succombent pas, et qu'il en est toujours un certain nombre qui se rétablissent spontanément. » (BAILLET, *Rapport sur les pâturages de l'Auvergne dans lesquels se produit la maladie charbonneuse,* page 84. — Paris, 1870, chez Victor Masson et fils.)

Si les difficultés signalées par M. Baillet sont grandes pour une commission constituée d'après les habitudes adoptées, elles le sont bien autrement encore pour un volontaire isolé de la science, obligé de répondre aux exigences d'une profession

---

(1) Nous supprimons à regret l'exposé de tous les obstacles que rencontre une commission temporaire et trop peu nombreuse, exposé qui prouverait si péremptoirement tout ce que nous avons dit ci-dessus sur l'organisation des commissions relatives aux maladies endémiques.

absorbante. Après avoir fait les dernièrs applications relatées par M. Baillet, je dus rentrer à Paris ; mais je trouvai, fort heureusement, dans M. Marret un collaborateur dont le concours m'aurait été bien précieux, sans les événements, à jamais déplorables, qui sont venus interrompre et ses observations et une correspondance qui était aussi agréable pour moi qu'elle promettait d'être profitable à la science. J'extrairai cependant de cette correspondance la relation des quelques essais thérapeutiques que M. Marret a pu faire avant l'invasion prussienne ; je parlerai, ensuite, pour éviter la confusion, de ses essais prophylactiques.

A la date du 13 août, M. Marret m'annonce le succès obtenu sur les trois vaches mentionnées dans la dernière expérience de M Baillet.

A la date du 13 septembre, il rend compte de deux essais de prophylaxie ; il en sera question ultérieurement.

Dans une lettre en date du 28 novembre, M. Marret m'annonce ce qui suit : « L'emploi de l'acide phénique a été continué par moi sur une vingtaine d'animaux atteints du mal de montagne ; sur ce nombre, cinq chez lesquels la maladie était à sa dernière période ont succombé ; les autres ont guéri. Je vous ferai observer que, tout en tenant compte de l'action du précieux remède dans ces observations, comme en ne perdant pas de vue qu'un certain nombre de malades guérissent spontanément, je suis convaincu de l'efficacité de l'acide phénique dans la plupart des guérisons obtenues.

» Depuis le commencement d'octobre, époque de la descente des troupeaux des montagnes, j'ai eu l'occasion d'observer fréquemment des affections charbonneuses (soit sous forme de charbon essentiel, soit sous la forme de fièvre charbonneuse), contre lesquelles j'ai constamment employé l'acide phénique. Dans ces cas, je n'ai eu qu'à me louer de son effet, toutes les fois que la maladie n'avait pas fait de trop profonds ravages.

» Vers le 20 octobre dernier, M. Brousse, propriétaire de deux étalons, d'un baudet et de neuf bêtes à cornes, perd tout à coup une vache dont il ne connaît pas la maladie. Le 26, son meilleur cheval est reconnu malade, et le lendemain, pendant que j'étais en route pour aller lui donner mes soins, il meur foudroyé. Le 30, le deuxième étalon tombe malade; je suis appelé, et j'arrive au moment où apparaît une tumeur charbonneuse sur les côtes avec tous les symptômes d'une mort prochaine, qui arrive, en effet,. une demi-heure après. Dans la même écurie se trouve une vache atteinte de la même fièvre charbonneuse, et qui, traitée par *votre méthode*, guérit promptement. En présence d'une maladie si effrayante, j'administre, en injections cellulaires, 10 grammes d'acide phénique à toutes les bêtes restantes ; et, en outre, pendant quatre jours consécutifs, j'en fais administrer une nouvelle dose de 8 grammes en breuvage. Bien m'en prit. Quatre jours après le baudet est atteint, et, malgré des symptômes alarmants, il guérit parfaitement. Depuis lors, il n'y a plus eu un seul cas de maladie dans cette écurie. Cette expérience me paraît assez concluante : sans l'intervention de cette médication, le baudet en question aurait probablement péri, et peut-on dire qu'il aurait été la dernière victime de ce terrible mal ? »

Le 5 février 1870, je reçois de mon zélé collaborateur une lettre d'où j'extrais le passage suivant :

« Vers la fin de novembre, un propriétaire de Vernols perd subitement deux génisses; il me fait appeler; et à une visite, je constate le charbon à l'état d'incubation sur deux autres. J'emploie l'acide phénique, tant en injections qu'en breuvages, sur tous les animaux de cette exploitation. La maladie s'arrête court; les deux suspects guérissent très-bien. Un mois après, ce propriétaire achète deux velles de dix-huit mois, pour combler le vide fait par la maladie. Quelques jours après, une des deux bêtes est atteinte du charbon et succombe tout à coup. Je traite l'autre à l'acide phénique, et depuis lors tout a disparu.

» Dans deux autres cas, j'ai employé cet acide sans succès; mais je dois dire que la maladie était très-avancée. »

A la date du 5 avril 1870, M. Marret m'entretenait de la perspective d'une bonne campagne phéniquée, dans la saison qui allait s'ouvrir : les préoccupations du plébiscite et celles infiniment plus graves qui les suivirent vinrent interrompre nos pacifiques et utiles projets, dont nous espérons reprendre prochainement l'exécution. Mais je n'attendrai pas une troisième édition de cet ouvrage pour adresser à mon bienveillant et dévoué collaborateur des remercîments auxquels s'associeront, je n'en doute pas, tous les amis de la science et du progrès.

Un propriétaire de l'Aveyron, homonyme du propriétaire dont M. Marret a soigné les animaux, a aussi employé l'acide phénique, notamment à la ferme-école de La Chassagne (Cantal). Voici l'extrait d'une lettre où il rend compte de ses observations :

« Dès qu'une vache est reconnue malade dans un troupeau, je lui fais administrer 10 grammes d'acide phénique dans un litre d'eau ; si, au bout de trois ou quatre heures, les frissons n'ont pas disparu, j'administre une seconde dose et je fais donner en même temps un lavement avec 10 grammes d'acide phénique. — Il est rare qu'après ce traitement, il n'y ait pas une amélioration et même une guérison. Je dois pourtant ajouter que quelques vaches ont pu prendre jusqu'à 40 grammes d'acide phénique à l'intérieur, en breuvage, et de 10 à 20 en lavement.

» S'il survient des tumeurs à la face, je fais de larges incisions ; je cautérise avec le fer rouge, et puis, lotions fréquentes avec eau phéniquée au centième. Au bout de vingt-quatre heures, les tumeurs disparaissent comme par enchantement. Je donne à ces animaux 5 grammes d'acide phénique, et je répète la dose au besoin.

» Pourvu que la maladie ne soit pas foudroyante, et que l'on connaisse à temps les premiers symptômes (faciles, du reste, à connaître), on sauve huit bêtes sur dix, et je prétends même arriver à de meilleurs résultats avec le temps. »

» Signé : Brousse,

» Vétérinaire à Mur-de-Barrez (Aveyron). »

Le 25 novembre 1869, la *Gazette médicale de l'Algérie*, dans ce même numéro où son savant et impartial rédacteur en chef attribuait « notamment à M. Sanson » le mérite d'avoir « *dénoncé* » les succès dus à l'acide phénique, publiait une note d'où nous extrayons ce qui suit : «... Dans une épizootie de fièvre charbonneuse qui avait fait son apparition sur les animaux de l'espèce bovine du village de Joinville, j'ai obtenu, par l'emploi de

l'acide phénique, des guérisons inespérées et enrayé la marche
de cette affection....... Administré d'emblée à la dose de 25 à
30 grammes à un veau d'un an, très-gravement atteint, refroidi
aux extrémités, l'acide phénique a suffi pour obtenir la guérison.
— Dans un cas de tumeur charbonneuse étendue, chez une
vache, au lieu de procéder à l'ablation, ainsi que cela est recommandé, j'ai pratiqué dans la partie déclive une scarifica-
tion, puis frictionné la tumeur avec cet acide, que je prescri-
vais, en outre, en breuvage. La guérison ne s'est pas fait
attendre. »

Une relation plus développée et plus précise à la fois de cette
expérience, qui est de M. Loubeyre, vétérinaire à Blidah (Algérie),
lui aurait donné plus de valeur ; mais telle qu'elle est, elle ne
nous a pas paru dénuée d'intérêt, et les deux seuls cas qu'elle
mentionne spécialement ne peuvent guère s'interpréter que
d'une manière favorable à l'acide phénique.

Voici une note qui, sans renfermer des faits plus précis que
la précédente, tire cependant une sérieuse importance du nom
dont elle est signée :

« ..... Quant au traitement qu'on a opposé à la maladie, il
paraît qu'il a varié. Celui qu'on emploie généralement aujour-
d'hui a pour base l'acide phénique. On donne ce médicament à
haute dose, 10 grammes dans un litre d'eau (1). On s'en sert
aussi pour panser les tumeurs charbonneuses après les avoir
scarifiées, et l'on assure que, lorsque ce traitement est employé
à temps, « *il guérit dans la grande majorité des cas.* » (*Extrait
d'une lettre de* M Rodet, directeur de l'école vétérinaire de Lyon,
en date d'Evian-les-Bains, 29 août 1869, à M. Bouley, inspecteur général des écoles vétérinaires.)

Une note citée en extrait, par M. Sanson, dans un de ces nu-
méros de *la Culture* (celui du 1er novembre 1869) où il continue à
attribuer, avec la plus vertueuse audace, « à son rapport, » l'initiative du traitement phéniqué, renferme le passage suivant :

« Plusieurs cultivateurs aveyronnais, à notre connaissance,

---

(1) On voit que le savant professeur n'était pas encore tout à fait au courant
des doses auxquelles on administre habituellement l'acide phénique. On peut
juger par là de l'utilité qu'il y a à répandre notre travail sur lequel nous nous
permettons d'appeler les sympathies de tous les hommes de progrès.

ont déjà eu l'occasion de faire l'essai de l'eau phéniquée pour des maladies charbonneuses sur bêtes ovines et bovines, avec un grand succès. » Cette note, publiée d'abord par la *Revue agricole du Cantal, de l'Aveyron et de la Lozère*, est signée Jacques Bonhomme, nom qui ne manque pas de crédit en agronomie.

Une note d'une grande importance a été provoquée par un article que nous avions adressé à *la Tribune médicale*, et publiée par ce journal, dans son numéro du 24 septembre 1871. En voici un long extrait :

« Thonon, 13 septembre 1871.

» A Monsieur le rédacteur en chef de *la Tribune médicale*,

» Je viens de lire, avec toute l'attention qu'il mérite, votre article sur le traitement de la peste bovine. . . . ., aussi je me permets de vous faire connaître les résultats de la médication phéniquée lors d'une épizootie charbonneuse qui a régné dans le Haut-Chablais, en 1869. Vous en serez étonné comme moi ; mais l'honorabilité de M. le maire de Bellevaux, qui l'a mise en pratique et qui est lui-même un grand propriétaire de bétail, *ne saurait laisser* aucun doute sur l'exactitude de cette statistique. Comme vous le verrez, le traitement n'a pas été exclusivement phéniqué, et je ne sais si la saignée, les boissons amères et les frictions énergiques constituent le *complément* de la médication de M. le docteur Déclat (1)..... La note que je vous adresse a été publiée dans son temps, dans *le Leman*, de Thonon, et reproduite par *le Mont-Blanc*, d'Annecy.

» Les symptômes de l'épizootie observée à Thonon sont :

» Tarissement subit du lait, dans la race bovine ; sécheresse et chaleur insolites de la bouche et de l'arrière-gorge ; rougeur et trouble des yeux ; enflure des diverses parties du corps ;

______

(1) Si nous avons la bonne fortune d'être lu par l'honorable et distingué secrétaire du Comice agricole de Thonon, il se convaincra que nous employons l'acide phénique sans *complément* ; seulement nous lui associons quelquefois, ou nous lui substituons même un médicament que nous ne tarderons pas à faire connaître, mais dont nous devons quelque temps encore taire le nom.

l'œdème est un symptôme plus spécial chez les chevaux et les porcs.

» Le maire de Bellevaux a employé le traitement suivant :

» 1o On pratique une forte saignée ;

» 2o On fait ingurgiter à l'animal 10 grammes d'acide phénique cristallisé, dissous dans un litre d'eau tiède ;

» 3o On donne une ou deux fois quatre litres de café noir, chaud;

» 4o On fait frotter l'animal pour déterminer une réaction cutanée ;

» 5o On scarifie les parties infiltrées ;

» 6o On fait prendre pendant la maladie quelques litres de racine de gentiane (sous-entendu décoctions).

» 7o On panse avec la dissolution phéniquée ci-dessus les pustules qui surviennent sur le cuir.

» A Bellevaux, 19 vaches, 12 chevaux et une ânesse sont morts du charbon avant l'application du remède indiqué. Depuis son application, à laquelle M. le maire a présidé avec le plus grand soin, on a obtenu le magnifique résultat suivant :

» Animaux soignés : vaches, 50 ; chevaux, 7 ; cochon, 1.

» Animaux morts : vache, 1 ; cheval, 0 ; cochon, 0. (LOCHON, secrétaire du Comice agricole de Thonon, *in : Tribune médicale*, no du 24 septembre 1871.) »

Le judicieux secrétaire du Comice fait suivre sa relation de la réflexion suivante, qui prouve à la fois sa perspicacité et celle du maire de Bellevaux, et qui ne contribue pas peu à donner du poids à l'expérience en question : « La dose d'acide phénique ne paraissant pas de prime abord très-élevée, j'en fis l'observation ; *mais il paraît qu'elle est essentielle.* » La question des doses est, en effet, ainsi que nous l'avons développé dans l'article que nous leur avons consacré, de la plus grande importance ; nous aurons à y revenir un peu plus loin.

Nous croyons devoir mentionner encore, avant de présenter le résumé et d'aborder la discussion de ces faits, une communication du docteur L'Orange, médecin de l'hôpital Saint-Jean, de Beyrouth, au docteur Quesneville, et dans laquelle ce médecin dit avoir employé plusieurs fois avec succès contre le charbon, l'eau phéniquée de 2 à 6 pour 100. » — Nous signalons pour la troisième ou quatrième fois cette proportion de 6 p. 100, acceptée par le docteur Quesneville, qui se connaît en acide phénique, pour montrer une fois de plus que l'eau à 5 p. 100 n'est pas de l'eau saturée, comme persiste à l'écrire M. Lemaire, et comme l'imprime son intelligent copiste, M. Dorvault. Quant aux observations de M. L'Orange, elles manquent de détails; mais l'opinion d'un médecin d'hôpital est toujours bonne à citer. (Voy. *Moniteur scientifique*, du Dr Quesneville, n° du 15 novembre 1871.)

En résumé, douze observateurs compétents apportent leur témoignage en faveur du traitement phéniqué du charbon; cinq de ces observateurs se contentent d'une appréciation générale des faits qu'ils ont observés; les autres citent le nombre des expériences qu'ils ont faites, lesquelles, en ne comptant que les grands animaux et laissant de côté les quatre brebis mentionnées et observées par M. Bouley et dont il sera question plus tard, s'élèvent au nombre de 103; sur ces 103 grands animaux traités, 94 sont guéris; 9 ont succombé ; et, chez presque tous ces derniers, la maladie était parvenue à sa période ultime.

Ce résumé semblerait devoir être suffisant pour démontrer l'efficacité de l'acide phénique contre le charbon des grands animaux; nous savons cependant à l'avance qu'il ne convaincra pas tout le monde. Nous sommes certain, par exemple, de trouver, entre autres incrédules, certains membres. pourtant si compétents, de la Société d'Eure-et-Loir, notamment M. Garreau, vétérinaire à Châteauneuf ; nous trouverons un incrédule non moins décidé dans un vétérinaire tout aussi compétent, M. Verrier, de Provins, habitant une des patries de la pustule maligne et des feuilles de noyer. Pour être plus certain que ces deux derniers observateurs n'avaient point modifié leur manière de voir, depuis l'introduction de l'acide phénique dans la thérapeutique, nous leur avons écrit et, avec une obligeance et un empressement dont nous les remercions, ils nous ont répondu avec une netteté qui ne comporte aucune équivoque ni aucune transaction.

M. Garreau nous dit : « Tout animal atteint de *charbon inté-*

rieur appelé *fièvre charbonneuse* dans le cheval, *maladie de sang* dans le bœuf, et *sang de rate* dans le mouton, est un animal mort !.... »

M. Verrier n'est pas moins catégorique : il s'en réfère à un mémoire qu'il a lu, en 1865, à la Société protectrice des animaux, et dans lequel il est dit : « Le sang de rate déclaré chez un mouton ou chez un animal de l'espèce bovine *est absolument inguérissable.* Tous les vétérinaires, les bergers, les praticiens sont convaincus de ce fait. Il n'y a dans cette croyance rien d'illogique, ce n'est pas davantage le cri de l'impuissance aux abois. Les notions, les éclaircissements très-précis produits par les recherches du cadavre, ajoutés à la rapidité de la mort, fournissent sur cette incurabilité de suffisantes explications. C'est pour ce motif que nous nous permettrons d'avancer qu'on n'a dû jamais guérir un cas de sang de rate bien évident, et *même qu'on n'en guérira jamais.*

» Nous ne nous arrêterons donc point à faire connaître des procédés et des remèdes que *le bon sens médical condamne à l'avance.* Nous nous occuperons d'un seul, parce qu'il a été doté et qu'il jouit encore d'un certain crédit, c'est la saignée. D'après de très-nombreux essais personnels, l'usage de la saignée est une méthode de traitement condamnable. »

Avec M. Verrier, on voit qu'il n'y a pas de conversion à espérer, puisqu'à la certitude expérimentale il joint la certitude rationnelle : il ne sait pas seulement qu'on n'a jamais guéri le charbon, il sait encore *pourquoi* on n'en guérira jamais. C'est probablement pour atténuer l'effet de cette sentence rigoureuse que M. Verrier nous dit, dans la lettre dont il a bien voulu faire précéder l'envoi de son mémoire, que « l'acide phénique n'a pas tenu *toutes* les promesses qu'on avait fait espérer en lui, » ce qui laisserait croire qu'il en a tenu *quelques-unes;* mais nous ne nous attacherons pas à cette phrase, qui n'est probablement qu'une formule de politesse pour ménager notre sensibilité, et nous ne cesserons pas, pour ces quelques mots, de considérer M. Verrier comme très-conséquent avec lui-même. Reste à discuter s'il est aussi conséquent avec les faits. Avant d'aborder cette discussion, nous ne résistons pas au besoin de faire remarquer le piquant de la situation où se pla-

cent trop souvent les médecins : voilà, dans le même centre
d'affections charbonneuses, d'une part M. le Dr Raphaël et M. le
professeur Nélaton, qui croient guérir toutes les pustules malignes, ou peu s'en faut, par la simple application sur le mal
de feuilles fraîches de noyer, et, d'autre part, M. Verrier, qui
déclare que tout remède *est condamné à l'avance par le bon sens
médical !* Et la faculté de Paris, dont M. Nélaton est assurément
le représentant le plus justement célèbre, se permet de prendre quelquefois des airs avec des chercheurs, avec des guéris-
seurs, qui croient, à tort ou à raison, guérir leurs malades ! Si
ce n'est pas à faire tordre les côtes à l'ombre de Molière ! Mais
revenons à nos moutons ou plutôt à nos bœufs et à nos chevaux ; les moutons viendront plus tard. M. Garreau ne les croit
pas moins que M. Verrier, voués à une mort certaine, ces bœufs
et ces chevaux, quand ils sont atteints du charbon ; cependant il est peut-être moins absolu que son confrère de Provins, car, dans la même lettre où il nous déclare qu'un animal
atteint de charbon est un animal mort, il veut bien nous exprimer le « désir bien vif de nous voir donner *un jour* la démonstration que sa conclusion est erronée. » Nous ne ferons
pas attendre ce jour bien longtemps à notre honorable correspondant, car nous allons lui démontrer sur l'heure, et avec
toute la rigueur dont les sciences expérimentales sont susceptibles, qu'un animal atteint de charbon n'est pas nécessairement un animal mort. La démonstration est même déjà toute
faite par les expériences qui précèdent ; nous n'avons qu'à les
rappeler succinctement et à renvoyer le lecteur, pour les détails, aux pages qu'on vient de lire. Est-ce que, par exemple,
lorsque sur un pacage d'Auvergne, dit *montagne,* on observe
sur une plus ou moins grande partie d'un troupeau, même sur
un troupeau tout entier, les mêmes symptômes de maladie, de
façon à ce qu'il soit impossible à l'observateur le plus attentif
(à MM. Bouley, Marret et Baillet, entre autres) de dire quels
sont les animaux qui succomberont, quels sont ceux qui sur-
vivront, est-ce que M. Garreau, M. Verrier et leurs partisans,
s'ils en ont, voudraient prétendre que ceux qui succombent
ont le charbon et ceux qui guérissent une autre maladie ? Si
telle est réellement leur opinion, nous n'hésitons pas à leur dire

franchement, malgré toute l'estime qu'ils nous inspirent, qu'une telle opinion est absolument contraire aux plus simples, aux plus positives notions d'étiologie médicale, et réellement condamnée, conséquemment, par le bon sens médical. Du reste, ce que l'observation rigoureuse et positive suffisait à démontrer, l'expérimentation, cette expérimentation que M. Garreau et ses collègues de la Société d'Eure-et-Loire considèrent comme indispensable, l'a démontré à son tour, d'une manière plus frappante peut-être, sinon plus certaine. Dans les inoculations qu'il a pratiquées, le savant professeur Baillet a constaté, ainsi qu'on l'a vu précédemment, que tous les animaux chez lesquels l'inoculation réussissait présentaient exactement les mêmes symptômes jusqu'à une certaine période, à partir de laquelle les accidents s'aggravaient chez les uns jusqu'à la mort, tandis qu'ils s'arrêtaient d'abord chez les autres, et rétrogradaient ensuite jusqu'au retour de la santé. Les expériences de M. Baillet ont fait plus encore : elles ont prouvé que de nouvelles inoculations, ou, si l'on veut, des inoculations *au second degré*, pratiquées avec le sang de ces animaux qui ont guéri, sang extrait de leurs veines pendant qu'ils étaient malades, ont transmis à des animaux sains une maladie charbonneuse mortelle, caractérisée par tous les signes anatomiques et microscopiques du charbon. Nos honorables adversaires nous permettront de le leur répéter : s'ils ne trouvent pas dans ces faits la preuve que le charbon le mieux caractérisé n'est pas toujours mortel, c'est qu'ils ne sont pas seulement réfractaires à toute notion médicale, mais aussi à toute logique, à toute raison : il faut qu'ils se rangent courageusement sous la bannière de Pyrrhon, et qu'ils nient la lumière, le mouvement et quelques autres réalités de même ordre.

Des adversaires moins brouillés avec la logique élémentaire sont ceux qui ne nient pas que le charbon *guérisse* quelquefois, mais qui nient seulement *qu'on le guérisse* : comme les premiers, ils mettent sur le compte d'autant d'erreurs de diagnostic les cas de guérison qu'on pourrait attribuer au traitement ; ils en diffèrent seulement en ce qu'ils admettent que ces erreurs peuvent être évitées..... à l'aide de l'inoculation. Ce sont ces médecins ou ces vétérinaires qui se félicitent d'être entrés dans *la voie de M. Ricord*, démolie, et qui plus est, fermée et flétrie i' y a plus de trente ans par M. de Castelnau, et que personne aujourd'hui n'oserait se permettre de rouvrir ni de suivre. Il est vrai que les honorables sociétaires d'Eure-et-Loir n'opèrent que sur les animaux, — quoiqu'un d'eux, au moins, se soit permis cependant d'opérer sur l'homme — mais, pour n'être plus coupable, la *voie* n'en est pas moins défectueuse, et nous ne pouvons que lui appliquer la règle posée il y a plus de trente ans par M de Castelnau. Cette règle, la voici : quand l'inoculation donne un résultat positif, on sait que la matière inoculée provient d'un individu atteint de la maladie qu'on a communiquée; mais quand l'inoculation n'a rien produit, elle ne prouve nullement que l'individu qui a fourni la matière inoculée ne soit pas atteint de la maladie soupçonnée ou plutôt reconnue par les moyens ordinaires de diagnostic. Toutes les fois qu'on a pratiqué des séries d'inoculations sur une maladie quelconque, cette vérité, ainsi que M. de Castelnau l'a démontré à satiété, est ressortie des inoculations elles-mêmes; elle en est ressortie de la manière la plus évidente, quand tous les résultats des inoculations ont été publiés de bonne foi, sans exception; elle en est ressortie même, mais avec un peu plus de travail critique, quand un grand nombre de faits ont été dissimulés ou tronqués, comme c'est le cas pour les observations publiées par M. Ricord. Est-ce que les inoculations de la Société d'Eure-et-Loir font exception sous ce rapport à la règle générale? pas le moins du monde. Que voyons-nous, en effet, dans ces inoculations? un fait qui aurait dû crever tous les yeux, tant il est gros et éclatant, et qui n'a pas même ou paraît n'avoir pas même impressionné les honorables expérimentateurs d'Eure-et-Loir, quelques-uns d'entre eux, au moins. Laissant de côté 2 poulets, 2 canards, 1 pigeon et 4 chiens, espèces sur lesquelles le charbon, ou ne se transmet point, ou ne se transmet que très-difficilement, il reste 37 inoculations pratiquées, savoir :

22, à des moutons,
8, à des vaches,
4, à des chevaux,
3, à des lapins,

c'est-à-dire à des espèces très-aptes à la contagion.

Or, sur ces 37 inoculations, il y en a 11 — près du tiers — qui n'ont pas réussi, et cela avec les mêmes matières qui ont réussi dans les 26 autres !

Supposons qu'au lieu d'avoir fait 37 inoculations, on n'en eût pratiqué que 11, les honorables expérimentateurs auraient donc conclu, malgré la mort des animaux qui avaient fourni la matière de l'inoculation, malgré la nature des lésions anatomiques, que ces animaux n'étaient pas morts du charbon ? Eh ! mon Dieu, non, ils n'auraient point ainsi conclu, parce que l'évidence l'emporte parfois sur l'esprit de système ; mais que dis-je, ils *n'auraient* point conclu ! il faut dire qu'ils *n'ont* point conclu ; car les zélés expérimentateurs ont fait d'autres inoculations que celles que nous venons de mentionner ; pour n'en citer que quelques-unes, nous en trouvons, par exemple, comme les suivantes, dans la série de celles qui ont été pratiquées avec les liquides altérés de la *fièvre charbonneuse du cheval :*

« *Expérience* nº 8 : — Inoculation sur un mouton à l'aide d'une rate provenant d'un cheval mort spontanément de *fièvre charbonneuse : inoculation sans effet.* »

Ainsi, le résultat de l'inoculation est nul, et pourtant les expérimentateurs n'en qualifient pas moins de *fièvre charbonneuse* la maladie qui a emporté le cheval.

Même observation pour l'expérience 9, pour l'expérience 11, pour l'expérience 15 de cette série, qui se résume ainsi : sujets inoculés : 16, dont 10 moutons, 3 chevaux et 3 vaches, sur lesquels l'inoculation a réussi..... 8 fois (6 moutons et 2 chevaux) et échoué, par conséquent, un nombre égal de fois (4 moutons, 1 cheval et 3 vaches).

Une troisième série donne des résultats analogues, sans que jamais il vienne à l'esprit des expérimentateurs de rectifier le diagnostic qu'ils avaient porté avant l'inoculation ; en quoi ils ont agi sagement : il vaut mieux être inconséquent pour rentrer dans la vérité, que de rester conséquent dans l'erreur.

Mais, si nous repoussons bien loin l'inoculation comme règle absolue de diagnostic, comme *criterium,* pour juger exclusivement et sans appel les faits de guérison, s'en suit-il que nous la repoussions absolument, comme un moyen d'information à ajouter à tous les autres ? Assurément, non. Nous admettons volontiers, au contraire, que, lorsque le sang d'un animal charbonneux aura été inoculé avec résultat positif et que l'animal se sera rétabli, il sera un peu mieux démontré qu'il était charbonneux que s'il n'avait pas été inoculé ; mais ce que nous nions formellement, c'est que cette inoculation soit indispensable pour démontrer l'efficacité d'un traitement, dans une série de cas, pas plus qu'elle n'est suffisante pour démontrer cette efficacité dans un cas isolé donné. Nous savons, en effet, qu'un animal ayant même un sang déjà inoculable, peut guérir spontanément ; par conséquent, si nous n'avions qu'un cas de cette espèce, il serait impossible de savoir si la guérison est due au traitement ou à la nature. Mais lorsqu'une série de cas est observée par un homme attentif, compétent, habitué à voir des cas semblables, par un homme comme M. Marret, par exemple, qui a presqu'en même temps sous les yeux les sujets qu'il traite et ceux qu'il abandonne à eux-mêmes ; quand un tel observateur et d'autres, presque aussi compétents, constatent des faits comme ceux que nous avons rapportés, douter encore, c'est tomber dans le doute systématique, c'est vouloir nier toute la science du diagnostic dans presque toutes les grandes maladies de l'homme et des animaux : il y a peu, très-peu de diagnostics, en effet, qui offrent autant de garanties de certitude que ceux qui ont été portés dans les faits que nous avons cités. Que ces faits soient insuffisants pour fixer *la mesure exacte* de la puissance de notre traitement, pour *spécifier rigoureusement les cas où il réussira et ceux où il échouera*, nous accorderons volontiers que ce sont là des problèmes dont la solution est réservée à l'avenir ; mais ne pas voir clairement l'efficacité de notre méthode dans l'ensemble de ces faits, c'est à notre avis, nous le répétons une fois encore, refuser de voir le jour en plein midi. C'est donc sans la moindre hésitation que nous recommandons notre traitement à tous ceux qui ne sont pas aveugles.

Sang de rate. — Voilà pour ce qui concerne le charbon des grands animaux ; voyons maintenant ce qui est relatif au charbon de l'espèce ovine, où la maladie prend plus spécialement le nom de *sang de rate*. Après les développements dans lesquels nous sommes entré sur le premier, nous pourrons glisser sur le second et nous borner à signaler les quelques différences qui les distinguent.

Ces différences n'existent, bien entendu, que dans les formes et l'évolution de la maladie, laquelle est, au fond, identique chez tous les animaux, puisqu'elle est causée chez tous par le même ferment, nous croyons pouvoir dire par le même parasite. Mais on conçoit parfaitement qu'un même parasite ne produise pas exactement les mêmes effets sur tous les animaux; il ne paraît même nullement impossible qu'il puisse être mortel pour les uns et parfaitement innocent ou peu nuisible pour les autres, à l'instar de l'amanite fausse oronge, qui est un aliment pour la chèvre et un poison violent pour l'homme et pour le chien. Ce n'est pas le cas du poison charbonneux; mais on a pourtant vu qu'il est moins funeste au cheval qu'au bœuf, et encore bien moins au chien qu'au cheval. Le mouton, comme le lapin, jouit d'un triste privilége contraire: c'est chez lui, parmi les animaux domestiques, que la maladie affecte la forme la plus rapide, parfois même foudroyante; on en a vu mourir en cinq minutes, et la plupart succombent en deux heures, à partir du moment où l'on peut constater les premiers symptômes. C'est là, on le comprend sans peine, une circonstance fàcheuse pour l'application d'un traitement quelconque. Quelque hâte qu'on y mette, on arrive très-souvent trop tard. Malgré ces conditions défavorables, nous avons pu, cependant, administrer ou faire administrer l'acide phénique dans un assez grand nombre de cas; et si cette médication n'a pas obtenu le même succès que dans les grosses espèces domestiques, il n'est pourtant resté douteux pour aucun témoin, que toutes les guérisons que nous avons obtenues sont dues à notre médication (1). Il y a même tout lieu d'espérer que si l'on parvenait

(1) On nous pardonnera de revendiquer de temps en temps notre bien, quand on verra le crédit que la piraterie intrigante et audacieuse trouve chez les hommes les mieux intentionnés, mais dont les lumières n'égalent pas toujours les bonnes intentions. Dans un long rapport sur le sang de rate, de près de cent pages bien remplies, mais remplies malheureusement de documents stériles et de répétitions ou de considérations le plus souvent oiseuses et confuses, un honorable confrère, M. le Dr Lobligeois, consacre *cinq lignes* à l'acide phénique, pour dire que

à vulgariser assez la médication pour la faire appliquer avec intelligence par les bergers, qui, eux, pourraient traiter les bêtes confiées à leur garde dès l'apparition des premiers phénomènes morbides, on obtiendrait sur l'espèce ovine les mêmes succès que sur les espèces bovine et chevaline, et qu'on préserverait de la mort la plus grande partie des nombreux troupeaux qui sont chaque année enlevés par le sang de rate. Mais, malgré l'intérêt puissant qu'ont les agriculteurs à la réalisation d'un pareil progrès, nous savons qu'il faudra l'attendre du temps plus peut-être encore que de nos efforts. Continuons donc notre œuvre, et puisse le temps accomplir bientôt la sienne, conformément à nos vœux.

Nous ne renouvellerons pas, à propos du sang de rate, la question du diagnostic que nous croyons avoir épuisée en traitant du charbon de l'homme et des grands animaux. Nous insistons seulement sur ce fait, que la marche de la maladie n'est pas seulement plus rapide chez le mouton, mais que la guérison spontanée est aussi moins fréquente — quoique non sans exemple, ainsi que le pensent MM. Garreau, Verrier, etc. — ce qui rend plus facile l'appréciation des guérisons dues au traitement, et plus déraisonnable le doute systématique sur les faits et les appréciations que nous allons faire connaître.

La première expérience faite sur l'espèce ovine est celle des quatre brebis traitées par M. Bouley et que nous avons déjà mentionnées précédemment. Les sceptiques les plus coriaces ne pourraient, ce nous semble, contester le diagnostic porté dans ces quatre cas par M. Bouley et par toute la commission qu'il présidait, puisque les quatre bêtes avaient été inoculées avec le même sang charbonneux ; que toutes sont devenues malades après cette inoculation ; qu'elles ont présenté les

M. Verrier recommande ce médicament et que M. Sanson le préconise. Or, M. Verrier ne recommande pas l'acide phénique, — on l'a assez vu par l'extrait, ci-dessus publié, de la lettre qu'il nous a écrite, — et quant à M. Sanson, on sait désormais où il a puisé ses « indications des proportions pour... » Mais les âmes honnêtes et naïves, comme le Dr Lobligeois, ne peuvent sans doute supposer qu'on donne comme sien ce qu'on a pris aux autres, et ces bonnes âmes, par leur crédulité, et, il faut bien le dire aussi, par leur légèreté, favorisent les desseins des pirates intrigants qui, ne pouvant se créer des titres scientifiques par leurs travaux, trouvent tout simple de s'approprier les travaux d'autrui. Heureux encore les pauvres spoliés, quand les spoliateurs ne crient pas : au loup !

mêmes symptômes, et que l'une est morte. Quel esprit raisonnable voudrait donc prétendre que celles qui ont guéri avaient une maladie différente de celle qui a succombé ? aucun, certainement. La vraie, la seule différence, c'est que la médication a échoué dans l'un des cas et réussi dans les trois autres, par des circonstances qui se présentent dans les médications les plus puissantes et qui n'ont jamais jeté le doute sur l'efficacité de ces médications, dans les cas de succès. M. Bouley était donc autorisé, en communiquant ces faits à l'Académie des sciences, à dire « qu'ils étaient gros d'espérances; » quant à nous, nous n'avions pas **hésité** à prédire le même avenir, dès **1861**, à la médication **phéniquée**, à la vue de la première réalité curative qu'il nous fut donné de constater, et qui n'était que la première confirmation d'une doctrine qui avait déjà pour elle l'appui de la raison générale et celui, non moins solide, des belles et positives expériences de M. Pasteur.

Comme on le pense bien, la communication de **M. Bouley** ne fit qu'exciter davantage le désir, que j'avais depuis longtemps, de répéter sur les animaux mes expériences datant déjà de plusieurs années sur l'homme. Dans le pli cacheté déposé à l'Académie des sciences, le 31 mai 1869, je n'avais pas hésité à prédire les résultats qu'on obtiendrait sur eux, et j'avais même annoncé mon départ pour l'Auvergne, ainsi que cela sera démontré le jour où je ferai ouvrir le pli cacheté dont il s'agit : on verra alors que les résultats obtenus par la commission du *mal de montagne* n'étaient pas pour moi un événement fortuit, mais bien un fait annoncé d'avance et confirmatif d'une doctrine qui dominera bientôt toute la médecine. En ce qui concerne les moutons, l'occasion se présenta, enfin, au commencement de l'automne de 1869. Je fus mis en rapport, à cette époque, avec M. le marquis d'Argent qui voulut bien me recevoir, dans la première quinzaine de septembre, dans son bel établissement agricole de Bouville. A différentes visites que nous fîmes des troupeaux, nous ne trouvâmes pas de bêtes malades; mais je laissai à l'éminent agronome les instruments, substances et instructions nécessaires pour faire appliquer sous sa surveillance le traitement. La substance à administrer, soit en injections sous-cutanées, soit en breuvages, se composait exclusivement, comme principe actif, d'acide phénique.

A la date du 16 septembre, je reçus de M. le marquis d'Argent une première lettre dont j'extrais le passage suivant : « Dans la nuit de lundi à mardi, deux moutons ont été trouvés morts. Mercredi, à trois heures, une brebis a été aperçue ne mangeant pas. Deux injections ont été faites, et, deux heures après, la brebis était morte rendant le sang par le nez. — Ce matin rien de nouveau. »

Ce premier fait n'était pas des plus encourageants ; mais, loin de me décourager, il me confirma dans l'idée qui, plus d'une fois déjà, m'avait traversé l'esprit, de recourir à une autre substance plus active encore que l'acide phénique, et de les associer de façon à obtenir un parasiticide assez puissant pour tuer instantanément le ferment morbide, dans les cas où ce ferment est lui-même assez actif pour transformer en quelques heures le sang des animaux, comme c'est précisément le cas dans le sang de rate, la péritonite puerpérale, le choléra, etc. Je répondis donc à M. le marquis d'Argent de ne pas se tenir pour battu, et de continuer les expériences avec une nouvelle substance que j'allais lui expédier, ainsi que des seringues d'un nouveau modèle, toujours à mes frais, bien entendu ; je lui recommandai d'injecter 40 à 50 grammes de cette nouvelle substance et d'en donner une égale dose en breuvage à toute brebis ou à tout mouton qui serait atteint.

La seconde expérience de M. le marquis, faite avec cette nouvelle substance, ne ressembla pas à la première. Voici ce que j'extrais d'une lettre qu'il m'écrivit, à la date du 21 septembre, cinq jours par conséquent après celle que je viens de mentionner :

« Hier une brebis a été vue malade du sang de rate et ayant pissé rouge.

» Deux injections et demie ont été faites avec la liqueur no 1. Une seringuée et demie a été administrée en breuvage (de la liqueur no 1). — La bête a mangé deux heures après. Ce matin, elle va bien. Voilà un succès. Ce matin, un mouton a été trouvé mort. J'ai le projet de les injecter tous : 700. Si la réussite est bonne, la Beauce est sauvée (1) ! »

(1) C'est alors que j'adressai à l'Académie des sciences un second pli cacheté,

On voit l'effet que produisit ce succès sur un homme aussi compétent que l'éminent agronome ; comme M. Bouley, il le trouva si gros d'espérances qu'il voulut en conférer plus à fond avec moi, et qu'il prit la peine de me donner rendez-vous à Paris pour le 13 octobre. Son espoir ne fut pas, je crois, diminué par notre entrevue, et il s'en retourna très-décidé à continuer les expériences. A la date du 17 octobre, il m'écrivait une lettre dont j'extrais les lignes suivantes :

« Mercredi dernier, deux moutons pris de sang de rate et pissant le sang ont été guéris par une injection de la liqueur n° 1 et la même quantité avec moitié d'eau, en breuvage.

» *Observation.* — La piqûre fait plaie et, en se cicatrisant, la peau devient adhérente aux muscles.

» Les trois moutons guéris » (sans doute les deux ci-dessus et la brebis dont il a été question précédemment) « vont bien et mangent comme les autres. »

Nous reviendrons un peu plus loin sur la plaie occasionnée chez les moutons par la piqûre d'injection. Continuons, d'abord, l'analyse de la correspondance. Voici l'extrait d'une lettre en date du 17 novembre.

« Depuis votre lettre du 19 octobre, je n'ai eu que deux cas de sang de rate ; le premier n'a pas été vu ; l'animal a été trouvé mort le matin. Le second est un bélier d'un an ; il a été injecté à sept heures du matin et a pris, ensuite, le breuvage. Jamais je n'ai vu un mouton aussi malade pendant quatre heu-

dans lequel je désignai la nouvelle substance qui venait de me donner un si beau succès, et que je m'inscrivis par anticipation pour le prix Bréant, pour le cas où le choléra ferait une nouvelle invasion en France. L'analogie du ferment cholérique avec celui du sang de rate est, en effet, des plus grandes, car l'un et l'autre tuent en quelques heures, quelquefois en moins de temps encore, et à tous les deux ce court espace de temps suffit pour opérer dans le sang une des plus profondes altérations connues. Il y a seulement cette différence que le choléra guérit assez souvent seul, tandis que le sang de rate ne guérit jamais ou à peu près, et c'est pour cela que j'espère obtenir plus de succès encore contre le premier que contre le second. Ce n'est pas ici le lieu de répéter ce que j'ai déjà dit touchant la divulgation du nom de la nouvelle substance ; je la ferai connaître quand il en sera temps, et le moment sera venu quand des faits suffisamment connus du public ou consacrés par des savants consciencieux et désintéressés (il s'en trouve encore) m'auront mis à l'abri des plagiaires et des pillards ; je ne parle pas des envieux ; de ceux-là on n'est jamais à l'abri, mais leurs morsures sont peu graves et n'exigent même pas l'application des pansements phéniqués.

res ; le soir, à trois heures, il mangeait, et le lendemain il a sailli une brebis. Dans ce moment, il est en parfaite santé.

» Il est donc positif que le remède est parfait comme curatif pourvu qu'il soit donné au commencement de la maladie. »

Ce dernier fait frappa à un si haut degré M. le marquis d'Argent, que son esprit judicieux et positif ne put se défendre de l'enthousiasme, et que dans la suite de sa lettre il m'entretint avec une haute raison des moyens de rendre mon procédé pratique sur une vaste échelle, et de la régénération de la Beauce par ce procédé. Les effroyables événements qui ont ébranlé la France sont venus interrompre ces grands projets humanitaires et civilisateurs. Puissions-nous les reprendre, et puissent-ils contribuer à réparer les désastres causés par le fléau encore plein de vie des temps barbares !

A la date du 25 février 1870, M. le marquis d'Argent m'écrivait une lettre qui contenait exclusivement les lignes suivantes :

« Hier, un bélier de trois ans avait tous les symptômes du sang de rate. De suite, il a été injecté ; on lui a fait boire la même quantité de médicament ; le soir, il allait mieux ; et, ce matin, il va très-bien.

» Total : 3 moutons et 2 béliers qui ont été sauvés d'une mort certaine.

» Il est donc positif que le remède est bon, quand il est administré aussitôt que la maladie débute (1). »

Dès la première expérience démonstrative, M. le marquis d'Argent n'avait pas hésité ; il hésite bien moins encore ; il n'est ni médecin ni vétérinaire et serait probablement fort inhabile à faire ou à discuter des théories pathologiques ou même thérapeutiques ; mais son intelligence largement ouverte, servie, dans le cas présent, par une grande habitude et stimulée par un grand intérêt personnel et un bien plus grand intérêt national, donne à son jugement un poids auquel nul autre ne saurait être supérieur. Et quand cette opinion se trouve conforme à celle d'observateurs comme MM. Baillet et Bouley, Marret, etc., il nous semble que le scepticisme de MM. Garreau, Verrier, et

____

(1) Toutes ces lettres ont été entre les mains de M. le professeur Nélaton.

de quelques autres, paraîtra bien léger, quels que soient d'ailleurs le mérite et la compétence de ces honorables praticiens, mérite qu'il est très-loin de notre pensée de vouloir diminuer. Quant à nous, qui avions vu bien d'autres faits que ceux dont M. le marquis d'Argent a été témoin, notre conviction est entière : la médication phéniquée seule, mais surtout associée au nouveau médicament que nous ferons prochainement connaître, guérit sûrement, dans beaucoup de cas, le charbon des hommes, des grands animaux et des moutons; la seule question à résoudre est de bien préciser ces cas et de les supputer s'il est possible.

Cette première question résolue dans les termes précis où l'a formulée M. le marquis d'Argent, une seconde s'imposait, plus importante encore que la première, surtout en ce qui concerne le sang de rate, dans lequel les secours ne peuvent, si souvent, arriver que trop tard. Cette question, que nous avions dès longtemps posée et déjà étudiée par l'expérimentation, et qui n'a point échappé non plus à M. le marquis d'Argent, est la suivante : la médication phéniquée, ou toute autre, appliquée préventivement, peut-elle empêcher le développement du sang de rate et en général du charbon, dans toutes les espèces? Non-seulement cette question n'a point échappé à l'agronome éminent qui a bien voulu nous prêter son concours; mais il l'a, au contraire, envisagée sous tous ses aspects pratiques, et il en a déterminé les conditions avec toute la précision d'un homme du métier, le plus consommé. A son instigation, sous sa surveillance directe, et quelquefois opérant lui-même, des expériences ont donc été faites, dès notre entrée en relations. Malheureusement il n'a pu les surveiller toutes; quant à moi, les exigences de ma profession m'ont empêché d'en pratiquer ou même d'en surveiller aucune; en sorte que je ne puis considérer comme l'expression d'une loi générale les résultats qui ont été obtenus, quoique j'aie dû prendre la responsabilité d'un accident qui a eu lieu chez un fermier, à la suite d'une injection phéniquée que j'avais voulu rendre plus active et qui malheureusement l'a été trop, puisque dix animaux sains ont succombé consécutivement et que vingt-six autres ont éprouvé des abcès qui ont exigé des soins assez prolongés. Quoique je n'eusse fait cette expérience que sur la demande de M. Rougeorcille, et qu'elle eût été entreprise, comme toutes les autres du reste, dans un intérêt général, à mes frais, et dans son intérêt particulier, la préservation de son troupeau, je n'en ai pas moins dû accepter la responsabilité matérielle de cet accident, et payer au fermier Rougeoreille, chez qui il a eu lieu, une somme de 600 fr. qu'il m'a réclamée. Pour une seule expérience, c'était un peu cher ; je serais curieux de savoir si les Prussiens de la Faculté de médecine de Paris, qui parlent de « *blagues* », à l'Académie des sciences, en ont fait beaucoup de semblables.

Cette expérience onéreuse ne doit pas être perdue pour ceux qui voudraient marcher dans la même voie que nous. Nous devons les prévenir que les moutons sont beaucoup plus susceptibles que les grands animaux ; nous avons déjà vu ci-dessus que les piqûres pratiquées pour les injections sous-cutanées ont causé, tantôt des tumeurs dures, tantôt des plaies qui se sont terminées par des cicatrices adhérentes. Chez le fermier Rougeoreille, les accidents ont été beaucoup plus graves. Aucun de ces accidents n'a eu lieu dans les premières opérations que nous avons faites ni dans celles qui l'ont été depuis ; mais cela ne suffit pas : pour devenir un moyen général, c'est-à-dire utile au pays tout entier, il faut évidemment que ce moyen puisse être appliqué, moyennant une éducation courte et facile, par toutes les mains. Cette condition n'est pas bien difficile à réaliser ; cependant elle demande du soin. Il faut que la peau soit bien traversée par l'aiguille-canule de la seringue, qui doit pénétrer de plusieurs millimètres au moins dans le tissu cellulaire ; il faut choisir un point où ce tissu ne soit pas trop dense ; il faut, enfin, que la solution préservatrice ne soit pas trop concentrée. Pour l'acide phénique, le maximum de concentration est de 2 p. 100, pour les moutons, et de 2 1/2 à 3 p. 100 pour les bœufs ; pour l'autre substance, que nous employons, soit concurremment avec l'acide, soit isolément, nous ferons connaître ultérieurement sa préparation et le degré auquel elle doit être injectée, et prescrite, par les voies digestives.

Malgré ces légères difficultés qui ne sont que transitoires, l'acide phénique — pour ne parler ici que de lui — n'en a pas moins été employé préventivement par plusieurs personnes, et les résultats des expériences tentées, sans être aussi remarquables que les résultats curatifs, n'en ont pas moins mis hors de doute l'action prophylactique de la médication. Chez les moutons, cette action peut encore, à la rigueur, être considérée comme incertaine, principalement à cause des difficultés, c'est-à-dire des inconvénients qu'elle a offerts jusqu'à présent dans cette espèce, inconvénients dont je ne doute pas qu'on n'arrive à triompher promptement. Quant à cette action sur l'espèce bovine, les expériences de M. Marret et celles de quelques autres vétérinaires de l'Auvergne, sur lesquelles nous reviendrons dans un instant, ne laissent pas le moindre doute dans l'esprit. Voyons d'abord celles tentées sur les moutons.

Nos premières furent faites dans la ferme des frères Huchet, par un vétérinaire auxiliaire bénévole, disait-il, qui plus tard exigea de moi 320 fr. pour son déplacement. Le troupeau de plusieurs centaines de bêtes fut divisé en deux lots, dont l'un fut injecté avec la liqueur préservatrice et l'autre non. L'expérience fut faite le 25 novembre 1869. A la date du 7 février 1870, trois moutons du lot non injecté avaient péri du sang de rate; aucun n'en avait été atteint, dans le lot injecté. Mais trois cas constatés sur plusieurs centaines de moutons prouvaient assez que la cause morbigène était peu active; l'expérience n'avait pas, évidemment, de signification sérieuse. Elle est un des inconvénients que nous avons mentionnés ci-dessus : plusieurs moutons eurent des indurations autour des points piqués pour faire l'injection. Le point choisi était le pli du bras, à son union avec la poitrine; M. le marquis d'Argent pensa avec raison que la marche contribuait au développement de l'inflammation, et qu'il convenait de choisir un autre point pour les piqûres; ce qui fut fait.

Diverses circonstances empêchèrent de renouveler une expérience aussitôt que je l'aurais désiré ; une occasion se présenta à la fin de juin 1870. Un troupeau de 166 moutons appartenant à un voisin de M. Barry, fermier des environs de Châteaudun, fut divisé en deux lots de 83; l'un fut injecté, l'autre non. Il mourut 15 moutons, dont 6 dans le lot non injecté et 9 dans l'autre(1).

(1) A propos du dépouillement de ces moutons, M. le marquis d'Argent me faisait part d'une particularité que je dois noter : « L'équarrisseur ne savait rien,

Cette expérience était, comme on le voit, peu favorable au préservatif employé, et quoique je n'eusse point assisté à l'opération, je craignis cependant que l'insuccès ne dût être attribué à la faiblesse du liquide, que j'avais un peu affaibli, pour ne pas occasionner les indurations observées chez les bêtes des frères Huchet,—lesquelles, du reste, ont toutes disparu sans laisser de traces.—Devant ce nouveau résultat, je résolus d'élever le degré de concentration de la solution même un peu au-dessus de celle employée chez les frères Huchet. Ce qui eut lieu pour l'expérience faite chez M. Rougeoreille, et qui eut les résultats fâcheux dont j'ai parlé ci-dessus.

Malgré cet échec et ce qu'il m'avait coûté — plus de 1,000 fr. en y comprenant mes voyages en Beauce seulement — d'autres expériences plus heureuses et les beaux résultats curatifs constatés par tant d'observateurs différents, ne permettaient pas que ma confiance fût un instant ébranlée; celle de M. le marquis d'Argent ne l'était guère davantage ; et à la date du 23 juillet, nous projetions encore, pleins d'espérances, de nouveaux essais. Mais la lettre que je reçus de lui à cette date fut la dernière; les événements ne tardèrent pas à prendre la couleur sinistre qui annonce les grands désastres, et la France dut renoncer à toute autre préoccupation qu'à celle de son salut,— qui a été, hélas! bien imparfait!

Néanmoins, je profitai des derniers jours de calme pour faire dans une autre localité une expérience comparative, pour laquelle j'étais déjà entré en pourparlers.

Avant même l'accident éprouvé chez M. Rougeoreille, j'avais expérimenté la nouvelle substance, dont il a été question dans ma communication à l'Académie des sciences, dans une ferme où M. le marquis d'Argent avait eu l'obligeance de me faire appeler. Le sang de rate régnait avec intensité,

---

et il a dit que tous ceux marqués » (injectés) « n'avaient pas le corps comme les autres. » — Cette remarque d'un observateur grossier et non prévenu, prouve quelle modification puissante le médicament imprime à l'organisme, même lorsqu'il ne réussit pas entièrement. Cette modification, qui frappe les regards les moins attentifs, consiste en ce que le sang, au lieu d'être noir, poisseux et diffluent comme il l'est chez les animaux morts de la maladie de sang et non traités, est, au contraire, coagulé en plus ou moins grande partie et rouge chez ceux qui ont pris le médicament, surtout chez ceux qui ont été injectés.

tout autour de cette ferme ; le troupeau de la ferme en avait déjà subi lui-même les premières atteintes ; je l'injectai tout entier moi-même, et la maladie s'arrêta aux premières victimes. Je résolus, dès ce moment, d'expérimenter comparativement les deux substances, dans des conditions semblables, dès qu'une occasion se présenterait, et elle se présenta près de Tournan dans les premiers jours d'août.

Le 1er août, 90 moutons furent injectés par moi avec une solution de mon nouveau médicament, et, le 3 août, 85 le furent avec une solution phéniquée, dans une localité envahie par le sang de rate. Dès le 5 août, les 85 injectés à l'acide phénique furent atteints, et le 7 août, je recevais de M. Buscot, fermier des plus intelligents, la lettre suivante :

Hermières, 8 août 1870.

« 18 des 85 moutons que j'avais préservés le 3, ayant été atteints du sang de rate depuis vendredi matin, j'ai fait partir le reste à La Villette hier au soir. »

Les quatre-vingt-dix injectés par mon nouveau moyen n'avaient pas bougé ; tous étaient dans un parfait état de santé.

J'avais déjà remarqué, dans quelques tentatives de curation faites par moi personnellement, que la guérison se montrait, chez le mouton, plus prompte et, ce me semblait, — je dis *semblait*, parce que les expériences n'étaient pas assez nombreuses pour pouvoir servir à une comparaison décisive — plus fréquente, par le nouveau moyen. L'expérimentation d'Hermières vint donner une éclatante confirmation à mes premiers aperçus ; ce résultat ne laissa pas que de me jeter dans un certain embarras ; et, entre autres questions qui me traversaient l'esprit, je me demandais s'il n'y aurait pas quelque différence entre le parasite qui produit le sang de rate et celui qui occasionne le charbon des grands animaux ; je me disposais à interroger sur ce point le savant professeur Baillet dont le concours m'avait déjà été si précieux, lorsque la voix lugubre du canon imposa silence à toutes les voix, même à celle ou plutôt surtout à celle de l'humanité. Mais ce que je ne pus faire à cette époque, je l'ai fait depuis ; et, avec son inépuisable complaisance, M. Baillet s'est livré aux observations que je lui avais indiquées, et il a bien voulu m'écrire la lettre suivante :

« Alfort, le 21 janvier 1872.

» Mon cher docteur,

» Je n'hésite pas à vous avouer que je suis dans le plus grand embarras pour répondre catégoriquement à la question que vous voulez bien me poser. J'ai examiné, tant à Toulouse qu'à Alfort et à Allanche, du sang d'un assez grand nombre d'animaux charbonneux appartenant aux espèces du cheval, du bœuf, du mouton et du lapin. Pour les trois premières espèces, j'ai vu du sang provenant d'animaux qui étaient malades sans avoir *été inoculés* par la main de l'homme. Pour le mouton, j'ai vu, en outre, du sang d'animaux non inoculés, mais morts d'affections charbonneuses, et du sang d'animaux morts après inoculation. Enfin, pour le lapin, je n'ai jamais vu d'autre sang charbonneux que celui des animaux qui, après inoculation, avaient succombé dans mes expériences.

» Dans tous ces cas, les bactéridies qui existaient dans le sang m'ont paru très-semblables les unes aux autres : mêmes formes, même aspect et mêmes dimensions, variant dans les mêmes limites. A cet égard, je n'ai jusqu'à présent saisi aucune différence. Seulement je vois dans mes notes que, pour le mouton, les bactéridies ont toujours été fort abondantes, peu de temps après la mort, et même, dans certains cas, quelques instants avant; tandis que, pour le cheval, le bœuf ou le lapin, la quantité de ces corpuscules s'est montrée quelquefois fort abondante, et d'autres fois, au contraire, fort peu considérable. Je puis d'ailleurs affirmer, d'après mes expériences, qu'il suffit de très-peu de bactéridies dans le sang pour le rendre virulent. J'ajouterai que jamais je n'ai obtenu d'effet de mes inoculations lorsqu'elles ont été faites avec le sang d'animaux préalablement inoculés, mais avant le moment où les bactéridies y ont apparu. Avant peu, je l'espère, je publierai un travail sur quelques-unes de mes expériences, et tous ces faits y seront indiqués.

» A vous de bonne amitié,

» BAILLET. »

Les détails donnés par l'honorable professeur sont suffisants pour répondre à la supposition que nous avions pu faire un instant, sans trop nous y arrêter, car cette supposition était absolument contraire à ce principe que nous croyons être un des mieux établis comme un des plus importants de la pathologie nouvelle, c'est qu'une maladie contagieuse, qui est pour nous nécessairement parasitaire, ne peut transmettre que la même espèce parasitaire ; seulement, il peut se présenter, après la contagion, une des deux circonstances que nous avons exposées et discutées dans notre introduction (paragraphe de la contagion) ; et, chez le mouton, c'est la première de ces circonstances qui se présente, d'après les observations de M. Baillet : il appert de ces observations que l'espèce ovine offre aux bactéridies un terrain évidemment plus favorable que le bœuf, tout comme celui-ci en offre un plus favorable que le cheval, le cheval, un plus favorable que le chien, et enfin le chien, un plus favorable que les oiseaux, qui paraissent absolument réfractaires à la contagion charbonneuse.

En même temps qu'il offre un meilleur terrain aux bactéridies, le mouton paraît plus sensible à l'acide phénique, surtout quand il est en état de santé ; cette double circonstance expliquerait les échecs de cet acide employé comme préservatif chez le mouton, tandis que ses vertus prophylactiques sont hors de doute chez le bœuf et le cheval. La nouvelle substance paraît, au contraire, douée d'une action préservatrice puissante chez le mouton ; nous l'avons expérimentée sur le bœuf, par l'intermédiaire obligeant de M. Marret, qui nous a écrit que le nouveau médicament en injections avait un effet de beaucoup supérieur à l'acide phénique, plus certain et plus rapide. Nous ne l'avons pas encore expérimenté, sous ce rapport, sur le cheval.

Depuis ces expériences, d'autres ont été faites sans notre concours dans les environs de Vendôme, par des fermiers qui ont cherché et cherchent encore à préserver leurs troupeaux. Voici ce que nous extrayons d'une lettre récente de M. Chanteaud, pharmacien à Vendôme, qui a bien voulu se charger de propager notre médication dans les environs de cette ville. Après nous avoir annoncé que M. Colas, fermier, avait sauvé

d..

un de ses plus beaux moutons pris du sang de rate, en lui faisant boire 200 grammes de notre nouvelle solution préparée pour injections, M. Chanteaud ajoute ce qui suit :

« M. Raglan de Villemardy, cultivateur très-intelligent, vient me voir souvent et m'entretenir du résultat de ses opérations.

« Ayant obtenu de bons effets curatifs lorsqu'il pouvait *à temps* injecter et faire boire du liquide, il se décida, en novembre, à injecter une partie de son troupeau (100 bêtes sur 150). Avant les injections, il éprouvait une mortalité de 2 à 10 par jour ; après l'opération, le troupeau s'est très-bien porté pendant un mois ou six semaines. Puis, ce sont les moutons injectés qui, les premiers, ont été de nouveau atteints, tandis que les 50 non injectés ne mouraient pas. »

Comme on le voit ces expériences concourent, comme la plupart des précédentes, à démontrer les vertus préservatrices aussi bien que curatrices de la nouvelle substance parasiticide. Mais la dernière phrase de la lettre de M. Chanteaud mentionne un fait que nous avons nous-même observé, que nous avons même signalé en passant, mais sur lequel il convient d'insister ici. Après avoir été préservés pendant un mois, les moutons traités prophylactiquement furent pris les premiers, et plus gravement que les autres, dit le fermier, M. Raglan de Villemardy; comment expliquer ce fait ? Les faits s'expliquent ou ne s'expliquent pas, ils sont parce qu'ils sont, quand ils ont été bien observés, et ce paraît être le cas de celui que nous signale M. Chanteaud, lequel d'ailleurs n'est pas isolé; ainsi que nous l'avons dit, nous en avons observé d'analogues. Mais loin que l'explication de ces faits soit impossible, elle est si naturelle, qu'on ne conçoit guère qu'ils puissent se passer autrement. Les substances, quelles qu'elles soient, qu'on fait pénétrer dans l'économie n'y séjournent pas indéfiniment (1) ; elles y séjournent en général d'autant moins qu'elles sont plus volatiles ; l'acide phénique est, comme on sait, un corps

____

(1) Nous parlons, bien entendu, des pénétrations accidentelles ordinaires. Tout le monde sait que lorsque la pénétration a eu lieu pendant très-longtemps sans interruption, comme chez les cérusiers, les étameurs de glaces, etc., l'économie a la plus grande peine, même aidée des secours de l'art, à se débarrasser du plomb et du mercure, et que parfois elle n'y parvient même pas.

assez volatil, il ne doit donc pas rester longtemps dans l'organisme, et il est tout naturel que la préservation cesse quelque temps après qu'on en a suspendu l'usage. Ce qui n'est pas moins naturel, c'est que lorsqu'une nouvelle *poussée* épidémique ou endémique se manifeste, après qu'on a suspendu l'emploi du préservatif, les animaux antérieurement préservés soient plus fortement atteints que les autres : on doit supposer, en effet, que dans deux lots d'un même troupeau d'animaux quelconques, bœufs, moutons, etc., un même nombre se trouve apte à subir l'action des parasites, et un même nombre à leur résister. Le préservatif met tous ceux qui auraient été atteints dans des conditions favorables pour résister, mais il ne modifie probablement pas leur organisme d'une manière assez durable pour qu'ils puissent résister à des atteintes ultérieures ; les animaux reprennent sans doute les aptitudes qu'ils avaient auparavant, et ils paient le tribut qu'ils auraient payé s'ils n'avaient pas été préservés. Aussi la préservation, qui est une excellente chose dans les cas d'épidémie, qui passent ordinairement comme des ouragans, après quelques semaines ou quelques mois de durée, est-elle beaucoup moins avantageuse dans le cas d'endémie, où les animaux auraient besoin d'être tenus, d'une manière pour ainsi dire permanente, sous l'influence des moyens prophylactiques. Aussi, est-ce pour ce motif que nous avons projeté d'attaquer les endémies dans leur source même, c'est-à-dire de guérir les plantes morbigènes elles-mêmes. Ce projet, nous n'y avons pas renoncé, ainsi que nous l'avons dit précédemment, et nous avons l'espoir de le réaliser un jour, si un avenir de quelque durée nous est réservé.

Nous avons dit, plusieurs fois déjà, que l'acide phénique jouit de propriétés préservatrices assez prononcées sur le cheval, l'âne et le bœuf; il est temps de faire connaître les faits qui le démontrent. Nous les extrairons principalement de la correspondance de notre bienveillant et zélé collaborateur, M. Marret.

Voici ce qu'il m'écrivait dans une lettre, à la date du 13 août 1869 :

« Depuis notre visite.............. je n'ai pu employer l'acide phénique que comme moyen préservatif; mais sous ce rapport, je crois avoir obtenu de bons résultats: sur cinq troupeaux sur lesquels j'ai employé ce moyen, la maladie a cessé comme par enchantement. J'ai suivi votre méthode sous-cutanée... etc. »

Dans une seconde expérience, le résultat ne fut pas aussi beau; mais l'influence favorable de l'acide ne parut cependant pas douteuse, et l'on va voir que M. Marret fut très-surpris d'un échec sur les bêtes préservées, tant les faits antérieurs le faisaient peu prévoir. Voici ce que j'extrais d'une lettre en date du 13 septembre 1869 :

« 1º L'acide phénique a été administré par injections à la dose de 10 grammes et en breuvage à la même dose, à six taurillons appartenant à un domaine de votre confrère, M. Bonnet, et, malgré ce traitement, et à ma grande surprise, un des animaux périssait du charbon le sixième jour.

« 2º Samedi dernier, j'employai le même remède et de la même manière sur six jeunes génisses faisant partie d'un troupeau décimé par le charbon essentiel. Les résultats ne peuvent pas être connus encore. » — J'ai été informé depuis que ces six bêtes avaient échappé à la maladie.

A la date du 5 février 1870, mon excellent correspondant m'écrit une lettre d'où j'extrais le passage suivant:

« Vers la fin de novembre un propriétaire de Vernols perd subitement deux génisses; il me fait appeler, et, à une visite, je constate le charbon à l'état d'inoculation sur deux autres. J'emploie l'acide phénique, tant en injections qu'en breuvage, sur tous les animaux de cette exploitation. La maladie s'arrête court et les deux suspectes guérissent très-bien. Deux mois après, ce propriétaire achète deux velles pour combler le vide fait par la maladie; quelques jours après, l'une des nouvelles bêtes est atteinte du charbon et succombe presque subitement; je traite immédiatement l'autre, et tout le troupeau, et aucun nouveau cas n'apparaît. »

L'hiver est peu favorable, comme tout le monde le sait, au charbon, ce qui s'explique très-naturellement par ce fait qu'il est très-peu favorable au parasite dont il est le résultat. M. Marret n'eut donc pas de nouvelle occasion d'appliquer la prophylaxie nouvelle pendant les derniers mois de 1869 et les premiers de 1870. Au mois d'avril, je recevais de lui une lettre où il m'entretenait de nos projets pour la campagne prochaine. Mon active correspondance avec le marquis d'Argent et beaucoup d'autres préoccupations me firent tarder à commencer la campagne avec M. Marret, et quand je fus sur le point de recommencer, en Auvergne, les expériences que je poursuivais dans la Beauce, la même catastrophe vint brusquement mettre fin aux unes et aux autres.

Mais pendant que j'opérais, d'autres observateurs expérimentaient de leur côté et obtenaient des résultats divers, mais, en général, favorables. Le vétérinaire d'Algérie que nous avons déjà cité, d'après la *Gazette médicale de l'Algérie*, dont le rédacteur en chef attribue à M. Sanson l'initiative de la médication phéniquée (1), rendait compte, dans les termes suivants, des essais prophylactiques qu'il avait tentés, concurremment avec les essais thérapeutiques :

« Administré à titre préventif aux animaux qui avaient cohabité avec des malades, aucun n'a présenté les caractères de l'affection contagieuse. — Cette propriété antiseptique de l'a-

(1) Le plus répréhensible dans cette affaire, n'est pas l'honorable vétérinaire, perdu peut-être dans le fond de l'Algérie ; c'est celui qui tient la plume — qu'il considère probablement comme un flambeau — de rédacteur en chef. Cependant M. Bertherand, puisque tel est son nom, ne voulant pas, sans doute, accorder à un de ses anciens subordonnés le mérite d'une innovation importante, a au moins un mérite, c'est de n'attribuer qu'à un Français ce qui appartient à un autre (nous osons croire que M. Sanson est un vrai Français). Mais comment qualifier cette note d'un journal de Châteaudun, — de l'héroïque Châteaudun ! — qui nous fut envoyée par M. le marquis d'Argent, en 1869 : « Voici une bonne nouvelle pour les pays dont le gros bétail est atteint quelquefois épidémiquement de *maladies charbonneuses*. La commission qui avait été nommée par le ministre de l'agriculture pour étudier *cette affection* sur les bêtes bovines des montagnes d'*Écosse*, vient de publier son rapport, duquel il résulte que l'eau phéniquée au centième, et bue à petites gorgées par les sujets malades, suffit, à la dose d'un litre (soit 10 grammes d'acide pour 1000 grammes d'eau), pour guérir ces derniers. Tout le secret de la réussite consiste à faire arriver la boisson directement dans le quatrième estomac ou caillette. »
Le seul mérite de cette note, publiée par l'*Écho du mois*, de Châteaudun, c'est qu'elle ne porte pas de signature. L'auteur s'est rendu justice, et c'est la seule preuve d'esprit qu'il ait donnée. Quant au fond de la note, il est probable qu'il concerne les expériences de la commission d'Auvergne, dont le journaliste aura sans doute entendu parler par quelque commis voyageur ; il aura pris les montagnes d'Auvergne pour celles d'Écosse ; ce n'est pas le seul exemple d'une pareille géographie chez des journalistes, et même chez des généraux en campagne.

d...

cide phénique ne pourrait-elle être utilisée dans d'autres maladies qui se caractérisent aussi par une prompte décomposition du sang ? C'est ce que l'expérimentation nous enseignera. » — On voit que M. le vétérinaire Loubeyre avait deviné une partie de ce que nous avons écrit dans notre ouvrage sur les nouvelles applications de l'acide phénique ; car il n'en est pas de lui comme de M. Sanson ; il est probable qu'il n'a jamais lu notre travail, et que c'est de très-bonne foi, et par suite d'une ignorance très-pardonnable, qu'il pare des plumes du paon M. Sanson, qui, du reste, pour s'en affubler, n'avait pas attendu un valet de chambre.

On a toujours mauvaise grâce à parler de soi, et personne n'y est moins disposé que moi. Mais en présence de la conspiration tacite organisée contre moi sur une vaste échelle par une coterie qui représente ou prétend représenter la science officielle, la dignité, la délicatesse et l'honneur professionnels, et qui ne représente en réalité que la routine, un profond égoïsme, une vanité ridicule et une indifférence absolue pour les souffrances humaines, on me pardonnera de faire remarquer qu'il n'est pas une de ces outres officielles, gonflées de suffisance et de sot orgueil, qui consentirait à quitter seulement pendant 48 heures le théâtre de ses exploits, — et de ses recettes — pour aller à vingt, à quarante, à cent lieues et plus, essayer des médicaments nouveaux et soumettre au contrôle de l'expérience des doctrines nouvelles. C'est bon pour les illuminés qui croient au progrès de la médecine et le désirent ardemment, qui pensent que la médecine a été inventée pour guérir les malades, d'abandonner ainsi leurs aises, leurs affaires et leurs plaisirs, d'aller battre la campagne à la recherche des chimères curatives. La gravité professorale officielle ne procède point ainsi : elle pense, aujourd'hui comme du temps de Molière, que les médecins sont faits pour ordonner des remèdes *aut bonos aut mauvaisos*, et que le reste regarde les malades. On n'interdit plus, grâce au progrès des idées, la lancette et l'émétique aux hérétiques qui pensent autrement ; mais on sourit dédaigneusement de leur naïveté ou de leurs prétentions ; on leur ferme les portes des académies et de tout ce qui touche à l'officiel, surtout on organise contre eux la conspiration du silence ; ce dernier procédé est encore le plus commode et le plus sûr ; car moins ils parlent, moins les routiniers s'exposent à dire des sottises. Mais quelque système qu'ils adoptent, qu'ils parlent ou qu'ils se taisent, cela ne nous empêchera pas de suivre notre voie : leurs clameurs ne nous effrayeront pas plus que leur silence ne nous endormira : comme nous avons fait dans le passé, nous ferons à l'avenir.

Résumé. — **Nous avons tâché**, dans le long article qu'on vient de lire, de ne laisser obscure aucune question de science ou de pratique relative aux causes et au traitement des maladies charbonneuses que nous avons pu observer ; cela nous a entraîné dans des développements dont nous avons dû regretter l'étendue, mais que nous n'avons pourtant pas cru pouvoir abréger, sans remplacer des démonstrations par des affirmations, ce que tout le monde doit éviter, à notre sens, mais ce que nous-même surtout devions éviter dans la position que cherchent à nous faire de mauvaises passions. Mais si nous n'avons pas cru possible de raccourcir nos démonstrations, il est facile de résumer ce que les praticiens, médecins, vétérinaires et agriculteurs, ont un intérêt immédiat à retenir de notre travail ; ce résumé peut être fait dans les termes suivants :

1º Le charbon (pustule maligne) de l'homme est toujours curable, traité à temps ;

2º Le charbon de l'espèce bovine, dans les mêmes conditions, est presque toujours curable aussi ;

3º La médication phéniquée est le moyen à peu près assuré, et, en tout cas, à beaucoup près, le plus puissant de cette curation ;

4º Le charbon des moutons (sang de rate) par son extrême violence, par la rapidité parfois foudroyante de son évolution, est d'une curation beaucoup plus difficile ; la médication phéniquée est souvent insuffisante ; mais elle trouve un puissant auxiliaire ou même un succédané avantageux dans la nouvelle substance que nous ferons connaître ultérieurement ;

5º Le charbon de l'espèce chevaline sera probablement traité avec autant sinon avec plus de succès que celui de l'espèce bovine ; mais n'ayant pas eu occasion de l'observer de nos propres yeux, nous ne pouvons donner à cet égard que des probabilités ;

6º Il est infiniment probable qu'en traitant, comme nous le ferons ultérieurement connaître, les terrains où le charbon règne endémiquement, on fera disparaître cette endémie, comme on fait disparaître les fièvres intermittentes en desséchant les marais et en les livrant à la culture ;

7º On peut, temporairement, en présence d'une épidémie grave, préserver la plupart sinon tous les animaux, soit de l'espèce bovine, soit de l'espèce ovine, à l'aide des injections et des breuvages phéniqués, administrés comme il a été suffisamment expliqué ci-dessus.

ART. II. — DE LA CLAVELÉE.

La clavelée, que les Anglais appellent variole ovine (*variola ovina*) à cause de ses analogies avec la variole humaine, d'une part, et parce qu'elle est spéciale à l'espèce ovine, d'autre part, est une maladie des plus curieuses à étudier pour un pathologiste, et qui a été étudiée très-insuffisamment jusqu'à ce jour, quoique les vétérinaires aient l'occasion de l'observer chaque année, soit qu'elle se développe spontanément, soit qu'on la provoque par la *clavelisation*, opération analogue à l'inoculation humaine, et qui a des conséquences tout à fait comparables. Obligé de nous restreindre dans les limites de la thérapeutique phéniquée, nous devons nous abstenir de tout développement sur les particularités de cette intéressante maladie; nous nous bornerons à en mentionner seulement trois, dont deux sont assurément des plus remarquables, et même tellement exceptionnelles dans la pathologie, qu'elles auraient mérité d'être l'objet de plus grandes recherches qu'elles ne paraissent l'avoir été. La première consiste dans l'aptitude exclusive du mouton à contracter cette affection; la seconde, dans cette circonstance, probablement unique dans l'histoire des affections contagieuses, de la transmission de la maladie par l'ingestion de la matière contagieuse dans les voies digestives. C'est cette circonstance qui nous a empêché de ranger la clavelée dans la section des affections virulentes, quoique le contage semble, dans cette

affection, se renfermer exclusivement dans le produit de sécrétion des pustules. Cependant, même sous ce rapport, peut-
être les recherches sont-elles insuffisantes aussi. Quant à la
troisième particularité digne de remarque, elle s'observe à peu
près dans toutes les maladies épidémiques, mais d'une manière
moins frappante, au moins pour la plupart d'entre elles, que
dans la clavelée; c'est que cette affection, quand elle se déclare dans un troupeau, n'en atteint qu'une portion; au bout
d'un certain temps, un mois, six semaines, deux mois, elle en
frappe une seconde portion, et, enfin, en une ou deux nouvelles bouffées, elle envahit tout le troupeau. La maladie est
moins grave dans la première fournée que dans la deuxième
où elle acquiert le plus d'intensité, et moins grave dans la
dernière que dans toutes les autres. Toutes ces particularités,
ainsi d'ailleurs que toutes les autres qu'on observe dans la
clavelée, se concilient si bien avec la présence d'un parasite,
ou plutôt trahissent cette présence si clairement, que nous
n'avons pu nous dispenser de les noter; en se reportant à ce
que nous en avons dit dans notre introduction, on trouvera
sur ces particularités des développements qui nous permettent
de n'y pas insister ici davantage.

Le traitement de la clavelée, formulé par les classiques
actuellement régnants, peut se résumer par un seul mot :
rien. Ce mot est bien à très-peu près le résumé des lignes suivantes, écrites par les historiens du charbon, dans le nouveau
dictionnaire de médecine vétérinaire : « Le traitement que les
anciens auteurs conseillent contre la clavelée est des plus
compliqués. Il n'est presque pas de substances médicamen-
teuses qui n'aient été essayées et préconisées. C'est principalement à la classe des excitants qu'on les a empruntées. Nous
n'en ferons même pas l'énumération, nous les passerons sous
silence, ainsi que les sétons, les vésicatoires, les lavements,
les purgatifs, le *percement*, la cautérisation des pustules, etc.
Outre *que ce traitement* est très-coûteux.... etc. » Le fait est
qu'*un traitement* composé de tous les moyens qu'énumèrent les
honorables vétérinaires et de tous ceux qu'ils n'énumèrent pas
serait fort coûteux, outre qu'*il* serait, comme ils le disent très-
bien encore, impossible à mettre en pratique. Mais il en est

un, qui celui-là est bien *un*, qui, en outre, est *très-peu coûteux* et *très-facile* à mettre en pratique, c'est celui qui a été conseillé par Eirini d'Eyrinys, expérimenté par Daffry, gouverneur de Neufchatel et conseiller d'État de la ville et canton de Fribourg, et qui consiste à frotter la tête et les pustules des moutons avec le baume d'asphalte, et à faire avaler à chaque animal une cuillerée de ce baume. (Voir ci-dessus, p. 34 et suiv.) MM. Renault et Reynal ne mentionnent même pas ce moyen qu'ils n'ont probablement pas même daigné comprendre dans l'*etc.*; et cependant un moyen recommandé par un conseiller d'État, deux chirurgiens des Invalides et, jusqu'à un certain point par un ministre de France, était dans de bien bonnes conditions pour être bien accueilli par les deux honorables auteurs. — Pourtant, il ne faut pas oublier que chirurgiens en chef, conseiller d'État et ministre étaient morts depuis long-temps.

Quant à nous, que les conseillers d'État ou les ministres recommandent ou non l'huile d'asphalte, que ces honorables fonctionnaires soient morts ou vivants, du moment où cette huile est un parasiticide puissant, nous pensons qu'elle pourra avoir de l'efficacité contre la clavelée, et que, par conséquent, on devra l'essayer.

Dans les tristes conditions du siége de Paris, nous l'avons essayé nous-même avec quelque succès, mais pendant quelques jours seulement, à cause de notre peu d'approvisionnement. La clavelée, presque dès les premiers jours, avait pris à Paris un tel développement, qu'il fallait être largement approvisionné du médicament qu'on voudrait essayer; j'eus donc recours à l'acide phénique. Les expériences furent assez nombreuses pour être concluantes : Je traitai trois parcs de moutons dont un était à la gare d'Orléans, un à Vaugirard, et un rues d'Iéna et de Lubeck (ce dernier parc contenait 51,000 moutons!). Tous les deux jours je visitais les deux derniers parcs, et le jour intermédiaire, je visitais celui de la gare d'Orléans, après quoi je me rendais au Moulin-Saquet, pour donner mes soins aux victimes des balles et des obus des Prussiens ; j'avais peu de concurrents pour cette triste tâche, car, ainsi que je l'ai déjà dit, les ambulanciers officiels ne s'aventuraient pas dans ces régions.

Il n'y avait pas à songer aux injections sous-cutanées, pour une masse d'animaux comme celle sur laquelle j'expérimentais ; je me décidai, en conséquence, de concert avec le digne directeur de l'agriculture, à m'en tenir à une boisson phéniquée. Je fis seulement quelques injections pour mon édification personnelle, de même que je pansai aussi quelques pustules avec des topiques phéniques. Je fis préparer de l'eau phéniquée à 1 et demi pour 100, qu'on donna aux animaux pour toute boisson ; quand l'acide employé est pur, les moutons boivent cette eau très-volontiers pourvu qu'on ne leur en donne pas d'autre.

La médication fut appliquée avec le plus grand soin, grâce au concours des « moutonniers » Zedde (chef), et Poittevin (commissaire) (1) du parc d'Iéna, et plus tard, de Vaugirard et de la gare d'Orléans, dont je ne saurais trop louer le zèle intelligent et le dévouement.

Malheureusement notre zèle et notre médication n'eurent pas le succès que j'en espérais ; les moutons traités, même ceux injectés, ne furent pas atteints en moins grand nombre que les autres. Seulement les animaux des parcs que nous traitions étaient mieux portants, d'ailleurs, moins sujets à d'autres maladies, que ceux des autres parcs ; ils étaient plus « en chair, » et comme on les abattait dès que la clavelée les envahissait, pour ne pas les voir dépérir, il était facile de voir qu'ils fournissaient plus de viande que les autres. A ce point de vue, nous n'avons pas à regretter nos peines et celle de nos zélés collaborateurs ; mais il résulte clairement de nos expériences que l'acide phénique n'est ni un préservatif ni un curatif de la clavelée. La destruction du ferment de cette maladie exigerait sans doute une dose d'acide plus élevée que la susceptibilité du mouton pourrait rendre dangereuse. Quant à l'action des topiques phéniqués sur les pustules et les plaies claveleuses, elle est presque aussi favorable que sur les autres plaies,

(1) C'est Poittevin que je retrouvai plus tard à la gare d'Orléans, où il poussa le dévouement jusqu'à aller chercher des pâturages pour ses moutons dans la zone militaire, sans souci des obus prussiens ; il m'accompagna même un jour au Moulin-Saquet, et assista au *tir au jugé* de nos canonniers ; encore un petit détail de notre défense, à reprendre ailleurs.

et l'on pourra recourir à ces topiques avec avantage, dans les conditions ordinaires, et bien d'autres, par conséquent, que celles où nous nous sommes trouvés. Cependant, le conseil que nous croyons devoir donner aux éleveurs, c'est d'avoir recours d'abord à la médication d'Eyrinys, qui a été expérimentée assez sérieusement pour inspirer de la confiance, et qui n'en a pas moins été oubliée au point qu'on aurait eu quelque chance de la faire passer pour nouvelle, pour peu qu'on eût eu quelque penchant à la piraterie scientifique. D'ailleurs, notre confiance en cet homme ingénieux et modeste est augmentée par le contrôle auquel nous avons soumis quelques autres de ses affirmations, que nous avons trouvées parfaitement exactes. On pourra, du reste, essayer encore les injections phéniquées sous cutanées que nous n'avons pu expérimenter qu'incomplétement, et en forçant avec précaution les doses, en faisant par exemple 4, 5 et jusqu'à 6 injections de 5 grammes à 1 pour 100. On sait que les médicaments en injection ont bien plus de puissance qu'ingérés par l'estomac; il se pourrait donc qu'à la rigueur on arrivât à des résultats meilleurs que les nôtres. Enfin, en cas d'insuccès, on devra tenter d'autres parasiticides.

ART. III. — DE LA COCOTTE OU FIÈVRE APHTHEUSE.

La fièvre aphtheuse s'observe sur les bœufs comme la clavelée chez les moutons; cependant elle est moins exclusive que cette dernière, car elle se développe quelquefois chez les chevaux et souvent chez les cochons; et des observations faites par un honorable et très-attentif directeur d'un établissement agricole, dont il va être longuement question dans un instant, prouvent qu'elle peut se transmettre à l'homme, circonstance intéressante dont nos ouvrages classiques ne font aucune mention.

Les auteurs de ces ouvrages ne refusent pas, comme ils l'ont fait pour la clavelée, de mentionner les moyens curatifs de la fièvre aphtheuse; ils attachent même une assez grande importance à quelques-uns de ces moyens, notamment aux gargarismes acidulés; mais c'est pure question de fantaisie : les remèdes qu'ils conseillent contre la fièvre aphtheuse ne valent pas mieux que ceux qu'ils dédaignent contre la clavelée.

Un vétérinaire fort instruit, attaché à la vacherie ex-impériale de Corbon (Calvados), l'honorable M. Brunet, a renoncé, nous écrivait le directeur très-distingué et très-sagace de cet établissement, aux lotions acidulées qu'indiquent les auteurs, et en général aux traitements préconisés par les maîtres de l'école d'Alfort. Ce vétérinaire se bornait à l'application topique de l'onguent égyptiac et à des lotions avec une eau dite eau de Jouanne, préparée par un pharmacien de ce nom, et dont la base paraît être de l'acide chlorhydrique et du sulfate de cuivre. Quant au directeur lui-même, son opinion très-compétente est absolument la même : « C'est la troisième fois, nous écrivait-il, que je vois la fièvre aphtheuse de très-près, et je n'ai jamais eu l'occasion de constater une amélioration quelconque chez les sujets traités par les gargarismes et lotions acidulés et par l'égyptiac ; ailleurs comme à Corbon, j'ai toujours vu les animaux non traités guérir aussi vite que les autres. »

C'est cette impuissance bien constatée des moyens conseillés par la thérapeutique officielle qui a été cause de mon intervention dans le traitement de la cocotte.

Au commencement de 1870, cette maladie avait envahi une partie de la Normandie, et elle sévissait notamment dans le bel établissement de Corbon, consacré à l'élève des animaux de la race Durham. La fièvre aphtheuse est rarement mortelle ; mais elle met hors d'usage pendant une, deux ou trois semaines au moins, les animaux qu'elle atteint, et quelques-uns d'entre eux peuvent même conserver des lésions qui obligent à les sacrifier. L'établissement de Corbon étant destiné à l'élevage d'animaux précieux, il me fut demandé si je pensais que la médication phéniquée pût être de quelque avantage contre l'épidémie, et si je voulais en essayer l'application. J'acceptai sans hésiter la proposition, mais comme des obligations professionnelles pressantes me retenaient en ce moment à Paris, je résolus d'envoyer à M. Le Sénéchal, directeur du bel établissement de Corbon, que je savais être un homme doué d'autant de zèle que de sagacité, les médicaments et les instructions nécessaires pour appliquer lui-même la médication ou la faire appliquer sous ses yeux. Après quelques tâtonnements de pharmacolo ic vétérinaire, la méthode put être mise en pratique d'une manière régulière, et elle donna les résultats suivants que je résume d'après une longue correspondance avec M. Le Sénéchal, résultats que je pus, du reste, aller constater moi-même, dans le courant du mois de juin. L'épidémie touchait alors à son terme, dans l'établissement de Corbon; mais elle régnait encore sur une vaste échelle en Normandie, en s'étendant de l'ouest à l'est; elle avait débuté dans le commencement de l'année ou vers la fin de 1869.

Avant de recourir à la médication phéniquée, je voulus cependant expérimenter une fois de plus le coaltar. Le produit que M. Lemaire est chargé de propager avait fait grand bruit depuis quelque temps en Normandie, et une foule de cultivateurs, séduits par les annonces (1), l'avait appliqué sur une assez vaste échelle, quoique sans aucun succès, d'après les renseignements recueillis. Je voulus néanmoins m'en assurer par moi-même, et il fut convenu avec M. Le Sénéchal que les pustules, abcès et décollements des onglons seraient pansés avec le coaltar; réservant, dans tous les cas, les préparations phéniquées pour le pansement des ulcères de la bouche, de la face et du pis, surtout des trayons qu'il y a un grand intérêt à guérir, et à guérir, chez les bêtes nourricières, avec des topiques qui ne repoussent pas les veaux qu'elles allaitent. Le coaltar produisit exactement à Corbon ce qu'il produisait dans tous les environs; voici ce que m'en écrivait M. Le Sénéchal :

« Le coaltar que tous les propriétaires emploient comme nous, ne produit rien. Il n'a pas empêché la maladie d'envahir les extrémités d'une manière plus ou moins grave. L'un de mes voisins qui, au moyen de cette substance, s'était préservé, il y a trois ans, a, en ce moment même, tout son troupeau envahi. Il peignait avec le coaltar les pieds, la face, les reins. Tout cela inutilement. »

Avant d'aller plus loin, il convient de s'arrêter un instant sur cette phrase de M. Le Sénéchal : « L'un de mes voisins qui, au moyen de cette substance (le coaltar), *s'était préservé* il y a trois ans, » .... etc. M. Le Sénéchal, comme nous l'avons dit

(1) Nouvelle et millième preuve que M. Lemaire n'a jamais cherché à propager l'acide phénique, mais seulement — par désintéressement, bien entendu — le coaltar panamisé, dit saponiné.

et comme on le verra de plus [illegible] un observateur sagace, mais un observateur sévère, et du moment où il dit qu'un de ses voisins s'était préservé il y a trois ans, c'est qu'il s'était préservé en effet ; ce n'est point une appréciation vague que M. Le [illegible] c'est une appréciation, après examen [illegible] Comment donc se fait-il que [illegible] en 1867, ne préserve pas [illegible] plus haute impor[illegible] nous sommes [illegible] saurait trop insister, car le succès [illegible] très-souvent de la manière dont on [illegible]

Les anciens épidémiologistes et les thérapeutistes romantiques de nos jours — et il y en a beaucoup de cette catégorie — avaient à leur service une explication aussi commode qu'universelle. C'était le *génie épidémique*, ce génie dont ceux qui en manquent font un si grand usage, et dont on a vu que MM. Renault et Reynal — quoiqu'ils n'en manquassent pas entièrement — ne se sont pas privés, dans leur étude sur l'étiologie du charbon. Une maladie est grave dans une année, légère dans une autre : c'est que le *génie épidémique* ou la *constitution médicale* (suivant qu'il s'agit d'épidémicité ou de sporadicité) a changé ; un médicament a réussi — on le croit du moins — une certaine année, il échoue une autre année : c'est que le *génie épidémique* (ou la *constitution médicale*) a changé : *génie épidémique, constitution médicale, tarte à la crème*, tout cela se vaut et répond à tout.... pour les médecins romantiques, ignorants et paresseux, et pour le public crédule.

Pour ceux qui se donnent la peine de raisonner et qui ne consentent pas à voiler les incertitudes de la science, sous la pompe de mots vides de sens, ce n'est point ainsi que les choses peuvent s'expliquer. De deux choses l'une : l'opinion qui admet l'efficacité d'un remède dans un certain temps et son impuissance dans un autre, contre une même maladie, est une opinion fondée sur des faits positifs, ou une pure supposition, conçue par la légèreté et propagée par l'ignorance et la routine ; dans la seconde alternative, nous n'avons pas besoin de dire quel cas il convient de faire d'une telle opinion ; dans la

première, il n'y a qu'une explication possible, et non deux, ni
trois, ni un plus grand nombre, c'est que la maladie a changé
de gravité, et que la dose, suffisante dans un cas léger, est devenue insuffisante dans un cas plus grave Et quand ce sont les
mêmes doses d'un même médicament dont l'identité est bien
certaine qui ont réussi une année et échoué une autre, c'est
que la maladie n'est pas la même. Autant vaudrait admettre
que l'acide sulfurique tantôt précipite les sels de baryte, tantôt
ne les précipite pas (1), que de contester l'absolue certitude
de la proposition que nous formulons ici, et que nous formulons avec un absolutisme qui fera probablement sourire de
pitié les fortes têtes qui ont apporté dans la médecine senti-
mentale cet apophthegme emprunté à un autre ordre de sentiments : *ni jamais ni toujours*, auquel ceux qui ont étudié les
lois de la nature substitueront celui-ci : *ou jamais ou toujours*.

Ces principes généraux dont on trouvera l'application toutes
les fois qu'on la cherchera avec persévérance, intelligence et
attention, ont été appliqués par M. Le Sénéchal, tout naturellement, et sans qu'il s'en doutât, pour ainsi dire, tant les vérités importantes se présentent d'elles-mêmes aux esprits droits,
qu'ils soient ou non initiés aux études scientifiques. Après
avoir constaté l'impuissance du coaltar, en 1870, chez son
voisin, M. Le Sénéchal ajoute : « La fièvre aphtheuse est beaucoup plus grave que ne le pensent les auteurs que je viens de
relire. *Cette année surtout*, elle paraît avoir acquis une gravité
qu'on ne lui connaissait pas et qui, probablement, doit être
attribuée à l'excessive sécheresse que nous avons depuis trois
mois. » M. Le Sénéchal décrit ensuite le cortége de symptômes
graves, dont un, dit-il, le catarrhe nasal, est peu étudié et à
peine indiqué par les auteurs français ; nous croyons pouvoir
passer cette description sous silence. Ce qu'il nous faut retenir,

(1) Nos lecteurs connaissent assez, désormais, notre profonde estime pour les
travaux de M. Pasteur, pour savoir que la règle absolue que nous posons ne saurait en rien porter atteinte à ses admirables recherches sur la dyssymétrie molé-
culaire. Mais, pas plus aux yeux de M. Pasteur qu'aux nôtres, l'acide tartrique qui
dévie à droite n'est le même que celui qui dévie à gauche. Que cela soit bien
entendu une fois pour toutes, et entendu pour les médecins romantiques, qui,
d'ailleurs, se doutent peu des observations de M. Pasteur et encore moins de leur
importance médicale.

c'est le fait général de la gravité exceptionnelle de la maladie en 1870; cela suffit pour comprendre l'inefficacité du coaltar. Nul doute que le coaltar, en effet, ne jouisse d'une certaine efficacité contre toutes ou presque toutes les maladies parasitaires, contre toutes ou presque toutes les fermentations; le fait a été mis depuis longtemps hors de doute par M. Demeaux; il ne peut en être autrement, puisque le coaltar renferme de l'acide phénique; mais par cela même, aussi, qu'il en renferme peu, que l'acide y est englobé dans un grand nombre d'autres principes, dont quelques-uns peuvent bien ne pas empêcher son action, mais dont quelques autres peuvent bien aussi y mettre obstacle, le coaltar ne peut remplacer l'acide phénique et avoir la même efficacité que celui-ci; c'est une vérité qu'à notre tour, nous avons établie contre M. Lemaire, qui prétend aujourd'hui s'en attribuer la découverte. La véritable explication des faits observés par M. Le Sénéchal ainsi exposée, quelle conclusion pratique en faut-il tirer? La conclusion bien simple qu'il faut, dans tous les cas, substituer l'acide phénique au coaltar, par la raison que qui peut le plus peut le moins, et qu'il est pour le moins inutile de recourir à un moyen qui peut échouer, quand on en a un entre les mains dont le succès est presque certain. Pour l'usage externe, partout ailleurs que sur les trayons, on pourra se servir de l'acide brut, en sorte que la médication phéniquée n'offrira qu'une différence de prix insignifiante avec le traitement par le coaltar; mais cette différence sera considérable et toute à l'avantage de l'acide phénique, si l'on considère celle des résultats. Il ne s'agit donc plus, maintenant, que de déterminer comment la médication phéniquée doit être mise en usage.

Les particularités propres à la cocotte exigeaient certaines modifications dans quelques-uns des procédés d'administration de l'acide phénique. Par exemple, pour agir sur les pustules aphtheuses et les aphthes tout formés de la bouche, j'avais songé à mettre aux animaux un bâillon entouré d'une éponge ou d'un chiffon spongieux imbibé de solution phéniquée saturée, de façon à ce que la langue des animaux, en cherchant à se débarrasser du corps étranger, répandît par toute la bouche la solution médicamenteuse. Mais l'expérience apprit promptement à M. Le Sénéchal que ce moyen avait, entre autres inconvénients, celui de cautériser les commissures des lèvres et d'empêcher, par suite de cette cautérisation, les animaux de manger, même après être débarrassés de l'obstacle. Nous renonçâmes donc à ce moyen, qui avait pu sembler, d'abord, une invention utile, et nous eûmes recours à la cautérisation phéniquée pure et simple, laquelle, à ma grande surprise, quoique j'en connusse bien les effets, amena en très-peu de temps la cicatrisation des ulcères, et hâta ainsi de beaucoup le moment où les animaux purent manger.

Chez les vaches nourricières, le pansement du pis et surtout des trayons exigeait, comme condition particulière, une préparation dont le contact ou le goût n'offusquât pas trop le palais des jeunes animaux à la mamelle. La glycérine phéniquée à 2 p. $^o/_o$, additionnée de teinture d'iode ou même simple, remplit si bien le but, qu'au lieu d'éloigner les jeunes nourrissons, le pansement les attirait.

Quant aux ulcères des pieds, les lotions avec l'eau saturée ou mieux la glycérine phéniquée, à 15 p. %, iodée, en empêchaient habituellement la formation, et quand ils étaient déjà formés, ils en amenaient promptement la guérison; en sorte que les animaux traités par les pansements phéniqués étaient délivrés de ces ulcères tenaces qui les empêchent souvent de marcher pendant fort longtemps, et constituent, ainsi, une complication des plus fâcheuses.

Quant aux autres moyens d'administration, ils sont les mêmes que dans la généralité des cas, c'est-à-dire des breuvages et des injections hypodermiques phéniqués, aux doses habituelles.

Ces deux derniers moyens, ainsi que les lotions et les aspersions, ont été employés comme préservatifs; tantôt le développement de la maladie a été empêché; plus souvent elle s'est développée, mais alors la maladie a été sensiblement ou beaucoup moins grave que chez les animaux des fermes voisines, où le coaltar était employé comme préservatif, et moins encore que chez les animaux qui n'avaient reçu aucun traitement prophylactique. Il serait, croyons-nous, superflu de citer tous les passages de la nombreuse correspondance de M. Le Sénéchal, qui établissent l'efficacité de la médication phéniquée qu'il a bien voulu instituer, d'après nos instructions, à l'établissement; nous nous contenterons donc de reproduire les quelques lignes dans lesquelles il résume ses observations et son appréciation : « Le bâillon et le coaltar, nous mande-t-il dans une lettre en date du 4 juillet 1870, ont peu réussi; j'ai eu l'honneur de vous en informer. L'acide phénique et sa solution ont, au contraire, réussi, et je suis fermement convaincu de leur efficacité. Si jamais j'avais à combattre la fièvre aphtheuse, je n'hésiterais pas un instant à placer tous mes animaux sous l'influence de ce merveilleux agent. »

Nous avons dit quelques mots, au commencement de cet article, de la transmission de la fièvre aphtheuse à l'homme; comme c'est là un sujet nouveau, nous en dirons quelques mots encore en terminant. Nous mentionnerons très-sommairement, auparavant, les expériences que nous fîmes à Paris même, presqueaussitôt après l'extinction de l'épidémie dans l'établissement de Corbon. Nous ne quitterons cependant pas cet établissement sans faire remarquer qu'au moment où il était déjà entièrement délivré de l'épidémie, celle-ci régnait encore, avec plus ou moins d'intensité, dans tous les environs, résultat qu'il serait difficile de rapporter à une autre cause qu'à l'emploi persévérant de l'acide phénique.

La cocotte n'avait pas encore quitté la Normandie que déjà, dans les derniers jours d'août, elle faisait son apparition sur le bétail d'approvisionnement de Paris. Je fus informé de cette circonstance dès le 2 septembre, par une lettre de M. le Directeur général de l'agriculture, qui, connaissant les résultats de mon voyage à Corbon, voulut bien me demander si j'étais disposé à recommencer les tentatives de curation faites en Normandie. Je n'aurais hésité en aucun cas, mais dans les circonstances où nous nous trouvions, l'hésitation eût été un crime; j'acceptai donc avec empressement, ce ne put malheureusement être pour bien longtemps, juste le temps de montrer l'efficacité de la médication phéniquée. Mais avant de parler de notre traitement, nous croyons indispensable, tant au point de vue de l'hygiène publique que dans l'intérêt de l'histoire, de dire comment la fièvre aphtheuse se développa sur une grande échelle, dans le bétail d'approvisionnement de Paris, et comment cet approvisionnement souffrit de l'inintelligence ou de l'improbité de certains hommes du pouvoir.

Dès que l'investissement de Paris fut considéré comme inévitable, l'administration dut songer à faire entrer dans la capitale le plus grand approvisionnement possible en viande et en céréales. Dans le premier moment, on avait chargé de l'approvisionnement du bétail l'homme qui connaissait, assurément, le mieux les ressources de la France et les localités où il fallait aller puiser, pour réunir la plus grande quantité possible de bétail, aux meilleures conditions possibles, tout en évitant de dépouiller certaines localités pendant que d'autres conserveraient toutes leurs ressources. Ainsi procéda le Directeur général de l'agriculture : des courtiers furent dépêchés, aux frais de l'administration, dans les divers centres d'élevage des bœufs et des moutons, et dans ceux de ces centres exempts de toute épizootie ou enzootie ; des marchés y furent passés, et du bétail en bon état de santé et d'engraissement fut acheté et introduit à Paris en moins de 15 jours. Mais tout ne devait pas se passer ainsi dans l'administration qui sombra le 4 septembre, approvisionnée cependant pour plus de temps qu'elle n'avait demandé par son directeur prévoyant ; en effet, le ministère d'août 1870 commença à croire au siége de Paris et à sa durée possible ; mais cette fois, tout fut changé, et l'on dut songer à un approvisionnement plus important ; c'est à quoi chercha à pourvoir le nouveau ministère ; au lieu d'aller traiter directement avec des éleveurs pour l'achat d'un bétail gras et sain, le ministre s'adressa à des aventuriers et même à des aventurières. — (L'une d'elles, qui ne possédait pas la quantité de terre suffisante pour y creuser sa fosse et pas plus de billets de banque que de mètres de terre, traita pour *douze mille bœufs*, PROVENANT DE SES PROPRIÉTÉS !) — Il passa avec eux des traités où le kilogramme de viande était payé trois, quatre, cinq et, dit-on, jusqu'à sept sous, plus cher que ne l'avaient payé les courtiers de l'administration, et ceux-ci, chose étrange, qui avaient voyagé aux frais de l'administration, qui étaient payés par elle, qui étaient devenus ses mandataires, élevèrent la prétention d'augmenter le prix auquel ils avaient traité en exigeant, au moment de la livraison,

25 fr. par tête de bœuf (21,000 têtes), 5 fr. par tête de mouton et 10 fr. par tête de porc ; et, ce qu'il y a de plus étrange encore, c'est que ces prétentions furent accueillies! Et ce ne fut pas encore là le plus grand mal, car malgré cette allocation, consentie par le ministre, les marchés passés par les courtiers du directeur général étaient encore moins onéreux que ceux passés par le ministre avec des courtiers. Le plus grand mal fut que les aventuriers des deux sexes, ramassant du bétail à l'*aventure*, — ce qui était trop naturel pour n'être pas inévitable — en prenaient partout où ils en trouvaient, sans choix, sans examen préalable, et ils introduisirent ainsi dans l'enceinte de Paris des animaux décharnés, dont il fallut vendre plus de 1,600 avant que les portes de l'enceinte ne fussent fermées; car ces animaux ne valaient même pas la nourriture qu'ils auraient consommée. Ce qu'il y avait de pire, c'est qu'un assez grand nombre était malade.

Ainsi fut introduite dans Paris, entre autres maladies, la cocotte, avant qu'aucun effet d'encombrement eût encore pu se produire; elle avait été apportée, toute créée, par les acquisitions, aussi véreuses physiquement que moralement, des aventuriers des deux sexes, qui recrutaient le bétail *élevé par eux* dans les tripots de Paris.

La maladie du bétail malade ne tarda pas à se communiquer au bétail sain, et il fallut songer à la combattre. Je désirai que l'expérience que j'allais renouveler fût faite cette fois comparativement ; ma demande fut accueillie sans observations. Il fut donc décidé que l'inspecteur des écoles vétérinaires prendrait sous sa direction un certain nombre de bœufs et vaches qu'il traiterait ou ferait traiter par les moyens usités, et que j'en prendrais un pareil nombre que je traiterais par ma méthode. Malheureusement, M. Bouley, appelé sans doute par d'autres devoirs, ne put donner aucuns soins au lot qui lui était échu, et je dus, à mon grand regret, recommencer l'expérience de Corbon, sans terme de comparaison. Je ne la recommençai pas cependant d'une manière identique. Tout le monde était alors pressé par le temps; je résolus de supprimer, dans les premières expériences au moins, les injections sous-cutanées, et d'administrer seulement des breuvages phéniqués,

e.

tout en apportant un peu plus de soin encore aux applications locales. Pour rendre ces dernières plus complètes et plus faciles sur une grande échelle, M. le Directeur de l'agriculture, qui voulut assister lui-même aux expériences et en surveiller une partie, avait eu l'ingénieuse pensée de mélanger de l'acide phénique à l'eau de grands abreuvoirs, dans lesquels on faisait baigner les jambes des bestiaux. La quantité d'acide phénique administrée en boisson fut de 6 à 10 grammes suivant la taille des animaux dans un seau d'eau; et je fis préparer pour la bouche et spécialement pour les mamelles le mélange d'iode, d'iodoforme, d'acide phénique et de glycérine. Les lotions sur les mamelles avec cette composition, que prépare encore aujourd'hui M. Guénon, pharmacien, rue de la Coutellerie, n° 2, à Paris, guérit en 12 ou 24 heures au plus les mamelles des vaches cocottées, circonstance importante toujours, surtout pour les vaches nourricières, mais bien plus importante encore dans les circonstances où nous nous trouvions en septembre 1870.

Mes expériences commencèrent précisément le 4 septembre, jour où tombèrent ceux qui les avaient rendues nécessaires. Après les développements dans lesquels nous sommes entrés sur celles de Corbon, il me paraît inutile de les exposer en détail; je me bornerai donc à dire que les résultats n'ont pas été moins satisfaisants à Paris qu'en Normandie, et je dirai même qu'ils ont été plus satisfaisants encore, en ce qui concerne les vaches laitières, puisque j'ai guéri le plus souvent en douze heures leurs mamelles, et qu'elles ont ainsi constamment conservé leur lait, que la cocotte leur fait perdre très-souvent.

Ce que je dois ajouter avec regret, c'est que malgré ces beaux résultats, je dus renoncer bientôt à diriger moi-même le traitement; quelque pressants que fussent les soins à donner aux animaux, d'autres devoirs étaient plus pressants encore (1);

(1) A cette époque, je crus de mon devoir de me rendre seul, volontairement et sans m'enrôler dans aucune fabrique à décorations, ou, en d'autres termes, dans aucune confrérie ou société d'admiration mutuelle et officielle, au Moulin-Saquet, où il n'y avait ni ambulances ni médecins; — on trouvait sans doute le poste trop avancé; — j'étais seulement accompagné de mon cocher, Casimir, qui, je lui dois ce témoignage, ne fit jamais aucune difficulté pour me conduire aux points les plus avancés. C'est là que j'eus la douleur de voir un général d'artillerie français rester derrière les épaulements d'une pièce de 4, pendant toute la durée de la bataille de Choisy. Il y était encore quand nous partîmes au secours

M. le Directeur de l'agriculture dut renoncer lui-même, malgré son zèle inépuisable, à suivre ces expériences, et je n'en pus faire, ainsi que je l'ai dit précédemment, que le nombre nécessaire pour prouver la supériorité de ma méthode sur celles qui ont été précédemment employées et qui sont générale. ment considérées comme absolument inutiles.

Du reste, au bout de quelques semaines, tous les bœufs de l'approvisionnement, à peu près sans aucune exception, furent envahis par la cocotte ; tout zèle eût été insuffisant pour les traiter d'une façon quelconque ; le seul traitement possible était d'abattre les plus malades, et d'attendre la guérison spontanée des autres. C'est ce qu'on fit. Mais ce que les agissements coupables des aventuriers et de leurs complices ont fait

de nos malheureux combattants, qui tombaient inutilement, tirés comme à la cible par les Prussiens cachés derrière des murs crénelés ; tandis qu'eux marchèrent à découvert sans qu'une seule pièce de canon se soit avancée pour détruire les abris derrière lesquels aimait à s'exercer la valeur de nos ennemis ! Il m'a été donné d'assister à un spectacle analogue à la bataille de Buzenval. Je passai dans une gorge profonde, accompagné de M. Bru, l'ancien pharmacien de Vichy, qui à Rueil, comme mon ami J. Claretie au Bourget, avait consenti à m'accompagner dans ma course périlleuse à la recherche des malheureux blessés ; le fond de la gorge était parfaitement abrité contre les projectiles de l'ennemi, et je rencontrai là un grand nombre de mobiles peu rassurés et un général accompagné du colonel Lespiaud, que j'avais vu faire des prodiges de valeur à Vitry et à Choisy. « Comment, colonel, lui dis-je, vous ici ! mais on se bat là-haut. — J'accompagne mon général, » fut sa seule réponse. Je le saluai et gagnai le plateau où je vis un douloureux spectacle que je n'ai pas à décrire ici. Pourtant je dirai que, sur le chemin, je rencontrai un lieutenant de la garde nationale gravement blessé, plié par la douleur et que portaient deux brancardiers. Comme je le croisais, un de ses parents, qui allait, ainsi que moi, du côté de l'ennemi, le croisa aussi, et, le reconnaissant, il s'approcha vivement de lui pour le plaindre, le consoler et le soulager, s'il était possible. « *Je viens de faire mon devoir, va faire le tien !* » telles furent les seules paroles qu'il dit à son ami, aussi simplement que péniblement ; elles me causèrent un saisissement d'admiration, et elles resteront, autant que je vivrai, gravées dans ma mémoire ; je ne sais pas si l'histoire de Sparte en a conservé de plus belles. Mon grand regret, aujourd'hui, est d'ignorer le nom de ce héros, que j'aurais été heureux d'inscrire dans ces modestes pages. Ce que je puis dire à l'honneur de Paris, c'est que sa garde nationale renfermait un nombre immense d'hommes dévoués, d'un pareil patriotisme, des artistes comme Marmontel, Henri Regnault, Seveste, des ingénieurs comme Mauguin, Frédureau, des savants comme Georges Pouchet, que j'ai vu au Bourget manier la pioche sous les balles pendant le combat, des bourgeois, des artisans prêts à s'aguerrir, et que ce qui lui a manqué, ce n'est ni le courage, ni la bonne volonté, ni même la discipline, mais des hommes qui aient voulu énergiquement et qui aient su la conduire à la victoire. Je me suis assez mêlé, dans presque toutes les affaires sérieuses, à la garde nationale pour pouvoir lui rendre, ici, ce témoignage, en obéissant strictement aux besoins de ma conscience.

perdre, en salubrité et surtout en quantité, de l'approvisionnement de Paris est incalculable.

Nous avons dit que la fièvre aphtheuse se communiquait à l'homme ; c'est du moins l'interprétation qui nous a paru la plus naturelle des faits suivants, dont M. Le Sénéchal a été l'observateur et en partie le sujet. Au milieu de l'épidémie, l'honorable directeur fut pris d'un malaise général avec fièvre, suivi bientôt d'aphthes dans la bouche. Trois verres de vin de quinquina gentiané, autant de verres d'eau phéniquée à 1/2 p. 100 et des lotions avec la préparation pour la toilette dite *eau de Monte Cristo* fortement phéniquée, suffirent à le débarrasser de ces phénomènes. Des employés de l'établissement éprouvèrent de pareils accidents ; et, enfin, la propre fille de M. Le Sénéchal, qui avait été prise, dès le début de l'épidémie, de coliques, de malaise général et diminution de l'appétit, vit apparaître, après avoir souvent visité et soigné elle-même un taureau fortement atteint par la maladie, de nombreuses pustules blanchâtres à la base de la langue, « analogues, dit M. Le Sénéchal, à celles que j'ai observées sur plusieurs génisses, au début de la maladie. Ces pustules sont, sur plusieurs points réunies en groupes plus ou moins gros ; plusieurs sont jaunâtres. » Les douleurs d'entrailles ne quittaient pas Mlle Le Sénéchal, et elle pouvait à peine manger. L'honorable directeur ayant bien voulu me consulter, je prescrivis un traitement à base phéniquée, notamment mon sirop titré et des gargarismes phéniqués dont la jeune malade but en partie le liquide, d'abord par accident, et ensuite volontairement, parce que, me dit-elle dans une lettre de remerciments qu'elle prit la peine de m'écrire, « j'avais observé qu'après en avoir avalé un peu je souffrais bien moins. » Les accidents de Mlle L., dont la durée commençait à inquiéter son père, se dissipèrent assez promptement ; et le sirop à l'acide phénique, joint à l'élixir Bernard, vint mettre fin aux tendres appréhensions paternelles.

Si les symptômes éprouvés par M. Le Sénéchal, par sa fille et par les employés de l'établissement de Corbon sont dus à la transmission de la fièvre aphtheuse à l'homme, comme tout semble le prouver, il en résulte du moins, que transportée sur l'homme cette maladie perd notablement de sa gravité, car

Mlle Le Sénéchal est la seule qui ait été, non pas dangereusement, mais sérieusement malade. Si la pathologie humaine doit enrichir ses cadres d'une nouvelle maladie, elle n'aura pas du moins à augmenter le chiffre des tables de mortalité.

Nous n'avons rien dit de la question parasitaire à propos de la fièvre aphtheuse, attendu que nous n'aurions pu que répéter ce que nous avons exposé dans les généralités. Personne, que nous sachions, n'a cherché le parasite de la cocotte : il n'est donc pas bien étonnant qu'on ne le connaisse pas encore ; mais il ne nous paraît guère douteux qu'on ne le trouve, le jour où des recherches rigoureuses seront entreprises dans ce but.

Art. VI. — DE LA PÉRIPNEUMONIE ÉPIZOOTIQUE.

Nous avons peu de chose à dire de cette maladie contre laquelle l'acide phénique n'a été essayé par personne que nous sachions, si ce n'est par nous, dans un cas que nous allons faire connaître. Ce que les spécialistes nous avaient appris sur cette maladie nous portait cependant à croire qu'elle pourrait être combattue avec quelque avantage par la médication de l'acide phénique. Nos raisons pour le croire étaient d'abord des raisons générales tirées de la contagionabilité de la maladie, propriété qui, pour nous, équivaut presque à la démonstration directe du parasitisme, et, ensuite, des raisons spéciales, tirées surtout de ce que la maladie paraît être spéciale à l'espèce bovine ; or, ainsi que nous l'avons dit dans l'introduction, on ne saurait guère comprendre la prédilection exclusive d'une maladie pour une espèce animale (ou même végétale) autrement que par l'existence d'un parasite. L'acide phénique et la nouvelle substance que nous avons employée avec succès contre le charbon devaient donc, à notre avis, être expérimentés contre la péripneumonie épizootique, d'autant plus que tous les traitements employés ont été reconnus inefficaces. Cette maladie semble présenter cette particularité remarquable qu'elle offre, comme la variole, un caractère beaucoup moins dangereux, quand elle est le résultat d'une inoculation artificielle. C'est une découverte utile, due au docteur Willems, de Hasselt (Belgique).

C'est en 1870 que l'occasion imparfaite me fut donnée de contrôler les présomptions qu'avaient fait naître dans mon esprit les publications des vétérinaires et mon expérience de l'acide phénique. J'appris qu'un cas de péripneumonie épizootique s'était développé dans une étable de l'avenue de Clichy, n° 2. Le propriétaire consentit à me laisser traiter la bête de concert avec M. Houssin, vétérinaire habile et instruit, qui avait déjà été appelé, nous la traitâmes donc ensemble ; la maladie était malheureusement déjà fort avancée. Nous pratiquâmes des injections sous-cutanées phéniquées, nous administrâmes en boisson l'acide phénique et mon nouveau médicament, et il fut évident que la maladie fut ralentie dans sa marche ; mais prévoyant qu'elle succomberait, malgré le traitement tardivement employé, je consentis à laisser abattre l'animal pour la boucherie ; nous étions déjà au *douzième* jour du traitement. L'examen du poumon permit de constater une vaste hépatisation et en certains points des foyers purulents disséminés. Le fait, du reste, a été publié par M. Houssin.

Ainsi que nous l'avons dit précédemment, ce fait n'est point décisif ; mais cependant l'effet immédiat et consécutif du traitement frappa tellement le propriétaire, qu'à partir de ce moment il désira me confier le traitement de son fils âgé de 15 ans, atteint d'une otite scrofuleuse chronique avec surdité presque absolue. Les pulvérisations phéniquées nasales et auriculaires et l'administration de mon sirop phéniqué m'ont permis de rendre l'ouïe et la santé à cet enfant, inutilement traité depuis longtemps par les médications ordinaires.

ART. IX. — DU TYPHUS DES BÊTES A CORNES OU PESTE BOVINE.

Tout est possible, surtout en médecine et en philosophie : Pyrrhon et son école avaient nié le mouvement ; Broussais et son école avaient nié la contagion de la syphilis et même toutes les contagions ; il fallait bien que celle du typhus des bêtes à cornes le fût. Mais ce sont là des fantaisies qu'on passe à des originaux de génie, et qu'on réprime chez de niais copistes; et quand ces copistes portent un nom d'oiseau, le docteur Pigeon par exemple, on doit leur conseiller de le changer contre celui d'une autre bête (1).

Le typhus des bêtes à cornes est donc contagieux, comme celui de l'homme, tellement contagieux, que, d'après les documents historiques connus, jamais il ne s'est développé en France que lorsqu'elle a été envahie par des armées ennemies traînant à leur suite des troupeaux de bœufs provenant de l'Europe orientale (Russie méridionale, Hongrie et provinces Danubiennes). C'est ce qui a encore eu lieu en 1870 : comme toutes les précédentes, la nouvelle invasion barbare a apporté le fléau de la peste bovine avec elle, et c'est à cause de cette importation que nous avons à nous occuper aujourd'hui du typhus du gros bétail, alors qu'aucune occasion ne nous a été donnée encore d'appliquer notre nouvelle médication au typhus de l'espèce humaine. Convaincu que les maladies contagieuses sont, ainsi que nous l'avons déjà dit plusieurs fois, presque nécessairement produites par le développement de parasites dans l'organisme animal, mais que cette cause morbide est bien plus probable encore, s'il est possible, dans les maladies qui au caractère contagieux joignent celui de ne se développer que dans certaines régions ou dans certaines conditions hygiéniques, comme c'est le cas de la peste bovine, j'avais espéré que l'acide phénique ou le nouveau parasiticide que je n'ai point encore fait connaître, pourrait combattre avec succès le typhus; je résolus, en conséquence, de tenter quelques expériences dès que la levée du siége de Paris me permettrait de sortir de ses

(1) Ce qu'il y a de plus triste encore que les aberrations du Dr Pigeon, c'est de voir des journalistes scientifiques (agricoles) recommander ces aberrations aux hommes compétents, en leur faisant observer magistralement que « la question mérite d'être étudiée à fond ! » Mais la boussole aussi méritait d'être cherchée à fond. Seulement, il y a quelques centaines, sinon quelques milliers d'années qu'elle est trouvée ; nous ignorons si le Dr Pigeon s'en doute ; mais qu'il s'en doute ou non, elle n'en conduit pas moins sûrement le marin à travers les mers, tout comme la contagion de la peste bovine conduit sûrement l'hygiéniste administrateur à l'extinction de cette maladie par des moyens, qui sont loin, il est vrai, de réaliser tous les *desiderata* de la science, mais qui valent pourtant beaucoup mieux que ceux que dicteraient les visions du Dr Pigeon et des journalistes qui les répandent.

murs. L'occasion ne tarda pas à se présenter, malheureusement pour notre pays, et je vais rendre compte des faits qu'il m'a été donné d'observer ou qui ont été observés par un collaborateur aussi instruit que zélé, qu'un heureux hasard m'a donné. Je dirai ensuite quelles conséquences actuelles il y a à tirer de ces faits, tout en réservant les progrès de l'avenir dans lesquels j'ai confiance.

Le 15 février 1871, j'appris que le typhus, importé par l'armée ennemie, régnait d'Alençon au Mans et que le transport de bestiaux l'avait même apporté jusque dans le canton de Landerneau, où il sévissait d'une manière effroyable. J'appris même qu'une commission officielle avait été envoyée par l'administration dans cette dernière localité pour y étudier l'épidémie. L'intensité même de cette épidémie fut ce qui m'attira du côté de Landerneau, et je partis pour la Bretagne, à la recherche d'un foyer autre que celui où la commission devait faire ses observations. Le hasard me favorisa : je rencontrai en chemin un honorable conseiller général du Finistère dont l'obligeant concours, auquel se joignit, dès le soir même de mon arrivée à Morlaix, le concours du sous-préfet, M. de Meynard, m'épargna beaucoup de démarches. Je fus mis immédiatement en rapport avec M. Lecoz, vétérinaire distingué de Morlaix, qui avait précisément été adjoint par l'autorité locale à la commission de Paris. Le typhus régnait à Morlaix comme à Landerneau. Avec un empressement que je ne saurais trop louer et dont je ne saurais trop le remercier, M. Lecoz m'offrit un concours précieux, sans lequel je n'aurais pu donner à mes expériences ni l'extension qu'elles prirent ni la garantie d'un homme spécial et instruit, qui venait précisément d'observer officiellement le typhus, et dont le diagnostic ne saurait par conséquent être mis en doute. Aussi je ne considère pas que ce soit un aide que le hasard m'ait donné dans M. Lecoz ; c'est un collaborateur à qui je dois tous mes remercîments pour avoir bien voulu s'associer à mes recherches.

Ne voulant et ne pouvant point perdre de temps, je profitai du bon vouloir de M. Lecoz pour me faire conduire, dès le soir même de mon arrivée, à Morlaix, au village de Pleyberchrist, où régnait le typhus. Nous nous dirigeâmes vers une ferme dirigée par M. Guernisson, homme fort intelligent et très-capable de saisir les détails de nos expériences et de les répéter à son tour.

Je fus introduit dans une première étable où se trouvaient huit animaux de petite taille : l'un venait de succomber au typhus ; l'autre était agonisant ; un troisième était couché et ne pouvait plus se relever ; et les cinq autres étaient plus ou moins gravement atteints, mais tous d'une manière absolument certaine. *Le matin même, ils avaient été condamnés officiellement à être abattus.*

En présence de M. Lecoz et du fermier, M. Guernisson, je fis prendre aux animaux un breuvage phéniqué contenant cinq grammes d'acide phénique dans cinq ou six litres d'eau, et je pratiquai à chacun d'eux cinq injections sous-cutanées de vingt grammes de liquide phéniqué additionné de cette nouvelle substance à laquelle j'ai plusieurs fois fait allusion, dont le nom se trouve indiqué dans un pli cacheté déposé par moi à l'Académie des sciences, en mai 1869, et qu'on me pardonnera de ne pas faire connaître publiquement jusqu'à ce que les résultats que j'ai obtenus aient été consacrés soit par une commission officielle, soit par la pratique générale dans la guérison du choléra (1).

(1) Voilà plusieurs fois que je parle de cette nouvelle substance, — nouvelle en thérapeutique, — sans la faire connaître. Ceux qui sont au courant des usages adoptés parmi les médecins me reprocheront peut-être de garder un seul instant secret un moyen qui peut être utile à l'humanité. Ce reproche que chacun pourra me faire, à part soi, m'a déjà été fait publiquement, quoique avec beaucoup de bienveillance, par le Dr Marchal (de Calvi) dont j'ai été l'élève-rédacteur pour ses cours à l'école du Val-de-Grâce. On peut lire dans la *Tribune médicale* du 24 septembre 1871 la réponse que je fis à mon ancien maître, et qui lui parut convaincante, car il n'y trouva aucune objection ; je n'en citerai qu'un extrait, qui suffira, je l'espère, pour me justifier, aux yeux de tous les lecteurs équitables, du retard que j'apporte à la divulgation d'une découverte utile. « Malgré ma conviction ou mieux ma certitude sur mes droits de propriété, je ne ferai pourtant pas connaître encore cette substance, et malgré vos principes de sociologie, si généreusement formulés dans votre critique, je ne désespère pas de vous trouver de mon avis, quand vous aurez pesé mes motifs. »

» Si je ne veux pas recommencer mon expérience de l'acide phénique, et voir un Lemaire quelconque mettre le grappin sur mes droits, aidé de quelques flibustiers scientifiques plus ou moins désintéressés, je ne veux pas non plus réserver à ma famille le sort qui est échu à celle de l'illustre — ou qui du moins devrait l'être — Raclet, destructeur de la pyrale. J'ai beaucoup sacrifié, peines, temps, argent, voyages, instruments, pour des recherches utiles à tous, et d'une seule fois, j'ai payé pour six cents francs de moutons à un honnête éleveur de mou-

L'odeur méphitique de l'étable qui commençait à m'incommoder sérieusement, m'empêcha d'appliquer moi-même le traitement à plus de cinq animaux. Je dus abandonner les deux autres aux soins du fermier Guernisson, qui est, du reste, je le répète, exceptionnellement intelligent. Mais ce n'est.pas l'intelligence du fermier Guernisson qui fut ma seule bonne fortune. J'en eus une bien plus grande dans la rencontre de M. Lecoz. Ce savant vétérinaire saisit avec une merveilleuse facilité toutes les explications que je lui donnai sur ma méthode de traitement; je m'assurai qu'il pouvait l'appliquer avec tout le soin qu'exigent de premières expériences, et je pus, dès le lendemain, confier à son talent, à son zèle et à son dévouement, le soin de continuer toutes celles qui pourraient être tentées à l'avenir, dans sa circonscription. Il fut seulement convenu entre nous que nous nous tiendrions en communications quo-

tous, M. Rougeoreille, dont mes recherches sur le sang de rate pouvaient sauver les troupeaux, et qui ne s'est fait aucun scrupule de me faire payer dix brebis un peu plus cher qu'au marché; cela vous laisse deviner le reste. Combien pourriez-vous, parmi ces austères confrères, qui ont jugé avec une sévérité si draconienne ce que vous appelez « mes imprudences, » combien, dis-je, en pourriez-vous rassembler qui fussent disposés à de tels sacrifices, surtout de ceux dont la position n'est qu'équivalente à la mienne? J'attends votre réponse et vos comparaisons, mais je ne les crains pas.

» Oui, sans doute, si l'on avait été, non pas bienveillant, je suis reconnaissant de toute bienveillance, de la vôtre surtout, mon bien cher maître, mais je n'en demande à personne, — si l'on avait été seulement juste pour moi, si l'on ne m'avait pas contesté les petits mérites des innovations utiles que j'ai introduites dans la médecine, je me serais probablement contenté de la considération de mes confrères, car la notoriété publique, fondée sur des travaux utiles, est un héritage qu'à défaut d'un autre, on peut laisser à sa famille; mais vous le dites vous-mêmes avec une grande modération, avec trop de modération peut-être : « on a été très-peu bienveillant pour moi. » Vous auriez pu dire avec plus d'exactitude encore : on a été et l'on est très-malveillant pour moi; vous auriez même pu ajouter qu'on a été, en même temps, très-peu accessible aux sentiments d'humanité, et très-peu fidèle aux devoirs professionnels que la plupart des médecins invoquent à tout propos, quoiqu'ils oublient aujourd'hui de prononcer le serment d'Hippocrate. En voulez-vous des preuves, mon cher maître, que ces sentiments, ces devoirs sont étrangers aux Catons dont notre profession foisonne? Il n'y a qu'a se baisser et en prendre.» Je cite, ci, plusieurs de ces exemples dont on trouvera quelques-uns aux articles *fièvre typhoïde, fièvre puerpérale*, et *plaies*, et je termine en déclarant que lorsqu'une commission officielle ou, a défaut de cette commission, la pratique générale aura consacré l'utilité de ma médication et mes droits à la priorité d'application de la substance qui en forme la base, alors je ferai connaître cette substance. Faute d'une de ces deux consécrations, je serai obligé d'attendre mon jour et mon heure; et je les attends encore.

tidiennes, et que je lui transmettrais des indications toutes les fois que lui ou moi nous le jugerions utile. C'est d'après sa correspondance détaillée que j'ai écrit le mémoire lu par moi à l'Académie des sciences, dans la séance du 10 avril 1871, et dont cet article n'est que la reproduction presque textuelle.

Des sept animaux dont j'ai parlé, et dont cinq ont été traités au début par moi-même, trois ont succombé, quatre ont guéri. M. Lecoz n'a pas été moins heureux que moi. Sur 10 animaux traités, et qui se trouvaient dans les mêmes conditions, il a obtenu 6 guérisons. En résumé : 17 animaux traités ; 6 morts, 11 guérisons, ou plus de 64 p. 100.

L'un des succès de M. Lecoz a été constaté par M. Goubaud, professeur à l'école d'Alfort, et l'un des commissaires envoyés à Landerneau par l'administration. Cet honorable commissaire avait été amené à Morlaix par le prompt retentissement qu'avaient eu mes expériences. L'animal sur lequel le succès vu par M. Goubaud a été obtenu se trouvait dans un tel état, que M. Goubaud n'avait pas hésité à dire qu'il reviendrait le lendemain pour en faire l'autopsie.

S'il s'agissait de certaines maladies, 64 ou 65 guérisons p. 100 ne seraient peut-être pas un très-beau résultat. Mais le typhus des bêtes bovines, on le sait, et M. Bouley eut soin de le rappeler dans une communication qu'il fit à l'Académie des sciences au commencement de 1871, et dans laquelle il fit allusion à nos expériences, est une maladie qui ne pardonne pas, en sorte qu'une guérison obtenue, c'est une victime arrachée à une mort inévitable. Or, si la proportion de 11 guérisons sur 17 devait se continuer, ce serait plus de 64 animaux sur cent conservés à la richesse publique, et ce résultat est assez beau pour qu'aucun pays ne puisse le dédaigner (1). D'ailleurs, cette

(1) A quelques honorables exceptions près, les vétérinaires ne manquent jamais d'emboîter le pas des médecins, surtout quand ce pas est un faux pas. Un certain M. Vuibert, vétérinaire et membre de la commission d'hygiène du canton de Méru, s'il vous plaît, annonce en grande pompe à l'*Écho agricole* du mois d'octobre 1871, qu'on peut guérir et prévenir le typhus par un traitement *approprié* — approprié, c'est-à-dire découvert par lui, s'entend — et ce traitement c'est, à l'intérieur 15 à 20 grammes d'acide phénique, et à l'extérieur des frictions avec de l'alcool camphré et l'essence de térébenthine. Inutile de dire que ce savant et loyal membre de la commission d'hygiène du canton de Méru n'a pas l'air de se

proportion, quelque satisfaisante qu'elle soit, n'est pas celle qu'on peut espérer obtenir. Les guérisons observées par M. Lecoz et par moi ont été produites, en effet, sur des bêtes jeunes, à grande résistance vitale, ou sur des têtes plus âgées, mais chez lesquelles la maladie n'était pas encore parvenue à une période très-avancée. Ces deux circonstances doivent nécessairement faire prévoir que, si la nouvelle méthode de traitement était plus répandue, si elle était connue de tous les fermiers, de tous les éleveurs, elle pourrait être appliquée dans tous les cas, sans exception, avant que la maladie eût atteint sa phase dernière, et qu'elle donnerait alors des résultats beaucoup plus avantageux encore que ceux que M. Lecoz et moi nous avons pu constater, lesquels atteindraient probablement 80 ou 90 p. 100, peut-être davantage. Mais, sans même compter sur les progrès de l'avenir, nous croyons que la proportion de 64 ou 65 p. 100, dans une maladie constamment mortelle, suffit pour nous permettre de recommander notre méthode aux méditations des hommes de science et d'administration, ainsi qu'aux agriculteurs.

Mais dans toute maladie, dans la peste bovine plus encore peut-être que dans la plupart des autres, prévenir est encore bien plus important que guérir; aussi nous sommes-nous préoccupés de l'application de notre méthode comme prophylactique. J'avoue que mes idées sur la cause des maladies à marche rapide ou même foudroyante, me donnaient le plus grand espoir que la médication nouvelle préserverait les animaux des atteintes du typhus, car je crois, pour les motifs développés dans mon introduction, à la vérité de cette proposition d'apparence quasi paradoxale : que plus une maladie est terrible et foudroyante — pourvu qu'elle laisse toutefois le temps d'agir — plus sûrement la médication parasiticide la guérira. Je comptais donc surtout, en partant pour la Bretagne, sur les bienfaits du traitement prophylactique. Je suis heureux de pouvoir montrer que ce traitement a répondu à mes espérances.

douter des expériences de Morlaix ni de ma lecture à l'Académie des sciences. Pour tout dire, je crois pourtant qu'il peut les ignorer, car sa rédaction dénote un esprit assez innocent.

Dans sa communication à l'Académie des sciences, M. Bouley, sans égard pour les rêveries (peu poétiques d'ailleurs) du docteur Pigeon, a rappelé que le typhus bovin n'est pas seulement contagieux par le contact des animaux sains avec les animaux malades, mais aussi à distance ; en un mot, le contage (pour nous le parasite) du typhus est un contage volatil. Seulement, les deux contagions, celle par contact et celle à distance, sont inégalement actives : lorsque quelques animaux d'une étable sont malades, ceux d'une étable plus ou moins voisine peuvent échapper à la contagion ; mais ceux qui se trouvent dans l'étable même sont voués inévitablement à la maladie, c'est-à-dire à la mort. Ce résultat est tellement fatal, que M. Bouley ni aucun vétérinaire intelligent n'ont hésité à conseiller l'abatage comme seul remède contre la propagation du fléau.

D'après mes indications, M. Lecoz a expérimenté, non-seulement sur la contagion au contact, mais encore dans les plus mauvaises conditions où cette contagion puisse s'exercer, c'est-à-dire sur des animaux vivant à côté d'autres animaux gravement atteints, parfois déjà morts depuis plusieurs heures, couchant sur la même litière, se mouillant de leurs déjections et de leurs sécrétions.

M. Lecoz a appliqué à 25 animaux se trouvant dans ces conditions le traitement indiqué ci-dessus ; et, de ces 25 animaux, aucun n'a contracté la maladie. En me transmettant ce beau résultat, M. Lecoz se bornait à lui donner pour tout commentaire un énorme point d'exclamation ; nous ne lui en donnerons pas d'autre nous-même ; il y a des chiffres, on l'a dit et répété depuis longtemps, qui sont plus éloquents que tous les discours.

J'ai conseillé de traiter comme les animaux malades les animaux sains renfermés dans la même étable ; mais je ne doute pas qu'on puisse se contenter d'une médication moins active, pour ceux qui ne sont exposés qu'à la contagion à distance, c'est-à-dire à une contagion évidemment moins active. Je pense qu'une injection sous-cutanée matin et soir suffirait pour préserver ces derniers.

J'ai dit que le diagnostic de M. Lecoz (confirmé dans un cas par M. le professeur Goubaud) me paraissait être une garantie indiscutable ; mais je me hâte d'ajouter que l'habitude et l'habileté de M. Lecoz ne sont même pas nécessaires pour donner une pareille garantie. Seulement, je n'ai pas voulu négliger un complément de garantie même superflu, et à la garantie déjà inutile d'un vétérinaire des plus distingués, j'ai voulu en ajouter une autre, plus solide encore, s'il est possible.

On sait que le typhus bovin, s'il se contracte presque inévitablement au contact, ne se contracte pas deux fois, semblable en cela à la variole, à la clavelée et à beaucoup d'autres maladies. Pour démontrer par une autre voie que celle du diagnostic, que les animaux traités par ma méthode avaient bien été guéris du typhus et non d'une autre maladie, j'ai prié M. Lecoz d'inoculer quelques-uns de ces animaux avec des déjections, des sécrétions et du sang d'animaux très-gravement atteints ou même morts du typhus. M. Bouley, à qui je communiquais mes résultats curatifs et prophylactiques, à mesure qu'ils m'étaient annoncés, avait d'ailleurs appelé mon attention sur cette contre-épreuve, et je n'aurais eu garde de négliger un moyen qui pouvait contribuer à convaincre M. Bouley, juge très-difficile mais aussi très-loyal; cette contre-épreuve devait en outre, très-probablement, me concilier la sympathie de quelques membres de la Société d'Eure-et-Loir pour lesquels mon estime est très-grande, malgré la critique un peu vive que j'ai dû faire ailleurs (voir art. *Charbon*) de quelques-unes de leurs opinions.

Le 23 mars donc, une vache qui avait été guérie par mon traitement a été inoculée par M. Lecoz, en présence d'une commission. Le 29, elle ne s'était jamais mieux portée, m'écrivait M. Lecoz. Elle a continué à se bien porter depuis. Après mon retour de Bretagne, et pendant que M. Lecoz continuait si heureusement les expériences que j'avais instituées, M. Bouley qui, avec ses amis, venait de tenter sur 10 bœufs, mais avec insuccès, et à mon insu, des expériences curatives au moyen de l'acide phénique en boisson, consentit à me faire choisir 6 bœufs malades du typhus, afin que, devant lui, j'eusse à reproduire à Paris les résultats que j'annonçais avoir obtenus en Bretagne.

Je vais maintenant dire quelques mots des résultats demandés et obtenus. Dans la communication de M. Bouley à l'Académie, laquelle précéda de quelques séances la lecture de mon mémoire, le savant académicien avait déjà fait une allusion aux expériences tentées sur ces animaux ; je vais les faire connaître avec quelques détails.

M. Bouley, ainsi qu'il en avait informé l'Académie, avait prié plusieurs vétérinaires civils et militaires de mettre à ma disposition six animaux atteints du typhus à divers degrés. Ces vétérinaires choisirent, en effet, six bœufs, mais hors de ma présence, sans que j'en fusse même informé, et les animaux furent conduits, le 9 mars, à l'abattoir de Grenelle, où j'avais fait mes expériences sur la cocotte et sur la pustule maligne. Le lendemain, je fus informé et en même temps surpris d'apprendre que ces six animaux étaient à ma disposition.

Malgré la *lesteté* du procédé, je me rendis, dès le soir même, à l'abattoir de Grenelle, muni des instruments et des substances nécessaires à l'application de mon traitement.

Les animaux avaient été placés à l'abattoir dans l'ordre où ils étaient entrés, savoir : quatre bœufs espagnols venant d'Espagne, et deux bœufs français dits manceaux.

Des quatre bœufs d'Espagne, deux étaient à une période très-avancée de la maladie : diarrhée abondante avec projection, tremblement spasmodique de tous les membres, etc.; ils avaient, de plus, les symptômes très-prononcés et graves de la *Cocotte* ; les deux autres n'ont pas eu de tremblements convulsifs en ma présence ; mais tous les autres symptômes du typhus étaient des plus prononcés et dénotaient un état des plus graves.

Les deux bœufs français présentaient du larmoiement, de la bave, une injection ecchymotique spéciale des paupières, des ulcérations de la bouche avec fausses membranes. Ces deux animaux n'avaient pas la cocotte et ne l'ont pas contractée, quoique cette affection soit très-contagieuse, comme tout le monde le sait.

Les six animaux subirent le traitement que j'ai déjà indiqué précédemment.

Le 13 (3e jour), l'un des bœufs espagnols meurt; le 17, j'en fis abattre un second qui me paraissait très-malade ; le 18, j'en fis abattre un autre pour le même motif, et le 20, je fais abattre le dernier.

Quant aux deux bœufs français, après avoir eu la diarrhée même sanglante, ils se sont remis progressivement tous les deux, et ont récupéré tous les attributs de la santé. C'est dans un état des plus satisfaisants que l'un d'eux, après une hématurie de 24 heures, a été pris tout à coup de mugissements terribles et dénotant une telle souffrance, qu'au bout de 2 heures, on crut devoir le faire abattre, sans prendre mon avis. Les inspecteurs de l'établissement et tous ceux qui ont vu l'animal à l'autopsie ont certifié qu'il est mort de la maladie à laquelle succombaient alors un grand nombre de chevaux de Paris, et qui paraît être la maladie désignée sous le nom de sang de rate (voir art. *Charbon*). Au bout de 48 heures, M. Bouley a pu examiner les pièces et son opinion a été celle de tout le monde. Il ne peut donc y avoir de doute sur la guérison de cet animal, qui a succombé à une affection complétement étrangère au typhus.

Le second bœuf français est resté définitivement bien portant, et c'est sur lui que M. Bouley, dans la crainte qu'il ne fût frappé aussi de la même maladie que son camarade, a fait lui-même la contre-épreuve de l'inoculation qu'il m'avait engagé à faire en Bretagne. Comme celle de M. Lecoz, cette contre-épreuve a démontré une seconde fois que l'animal traité par moi avait bien été atteint et par conséquent guéri du typhus (1), maladie jusqu'à ce jour incurable. M. Bouley a confirmé dans le journal de médecine vétérinaire des mois de mars et avril 1871, t. VIII, n° 3 et 4, page 119, l'exactitude de mes observations.

Ces expériences pouvaient paraître suffisantes pour mettre hors de doute l'efficacité de la médication que j'avais inaugurée; je ne renonçai cependant pas à les répéter, tout au contraire; je résolus de profiter des premiers loisirs qui me seraient faits pour les renouveler et surtout pour augmenter le nombre des témoins de mes succès, car je ne doutais pas que des succès nouveaux ne vinssent confirmer ceux que j'avais obtenus déjà. Ce furent les funestes événements de mars qui ·

---

(1) Le sixième jour après l'inoculation, ce bœuf, tout en augmentant de poids, fut couvert de pustules de la grosseur du doigt ; la guerre civile, née de l'ineptie de nos gouvernants et de l'influence allemande, m'empêcha de faire des inoculations avec le contenu de ces pustules que je n'ai pu que constater.

me créèrent mes premiers loisirs. Informé que le typhus s'était montré dans les environs de Chartres, je me disposai à aller l'y observer; mais il n'était pas possible de m'y rendre directement, et je dus prendre, avec mon petit bagage expérimental et mes chevaux, la route de l'Est pour me rendre à Versailles: c'était bien le cas de dire que tous les chemins mènent à Rome. Je fis donc une pointe vers l'est, jusqu'à Villiers-sur-Marne, que j'avais déjà presque touché avec d'autres espérances, dans la douloureuse journée du 30 novembre 1870; puis, parcourant un vaste circuit par le sud, je gagnai Versailles, et quelques jours plus tard, Chartres. Là, je fus mis en rapport avec le savant M. Boutet, vétérinaire du département, et l'auteur du remarquable travail sur la culture du sorgho dont nous avons eu l'occasion de louer tout le mérite à l'article *Charbon*. Nous nous rendîmes ensemble au village de Morencez, et là nous trouvâmes le cadavre d'une vache morte la veille du typhus et son jeune veau malade de la même maladie. Pour la première fois, je m'étais muni d'une recommandation officielle, et grâce à elle, M. le Préfet d'Eure-et-Loir, qui avait demandé qu'on fît chez lui une expérience, fit mettre à ma disposition trois vaches dans une ferme isolée. Afin de les entourer d'un contage énergique, le 17 avril, je fis transporter auprès de ces animaux la vache morte, le veau malade et le fumier souillé de leurs déjections. Le 18, M. Boutet inocula deux de ces vaches, la troisième fut laissée sans traitement. Je faisais mes trois lieues par jour pour aller de Chartres à la ferme, où, grâce à l'obligeance du propriétaire, M. Giraud, je finis par m'installer, afin de mieux suivre l'expérience. Malheureusement, quand il s'agit d'administrer mes médicaments en boisson et en injections hypodermiques, je m'aperçus que je n'avais que de l'acide phénique, et que le nouveau médicament que je lui associais n'avait pas été mis dans mon bagage. J'espérai néanmoins réussir avec l'acide phénique seul et je l'administrai par les deux voies indiquées. Mais le résultat ne répondit pas à mon attente : les deux vaches traitées et inoculées devinrent malades à peu près en même temps que la troisième, le 20, c'est-à-dire trois jours après l'inoculation ou l'exposition à la contagion. Ce résultat me contraria d'autant plus, que, pour la première fois, les ani-

e..

maux n'avaient pas été payés de mes deniers; le Préfet d'Eure-et-Loir, M. Le Gay, qui avait bien voulu faire le voyage de Morencez pour suivre l'expérience, en avait fourni les fonds.

Le 25, M. Reynal, qui, par son ami, M. Boutet, connaissait le résultat de l'expér'ence, vint à Morencez avec M. le Préfet. Les trois vaches étaient à peu près dans le même état, au moins en apparence : on les lâcha dans la cour de la ferme; elles étaient tristes et avaient de la diarrhée avec projection. M. Reynal me fit observer que d'une part, pour ne pas perdre la viande, et d'autre part, pour ne pas effrayer le pays, il vaudrait peut-être mieux faire disparaître ce foyer de contagion, en enlevant les animaux pour les abattre et les livrer à la consommation. Privé de mon nouveau moyen, auxiliaire puissant de l'acide phénique, attristé par la nouvelle que je venais de recevoir de la mort de mon parent et aide habituel, M. Faynot (1), je consentis à la proposition de M. Reynal. Les animaux furent donc transportés à Chartres et abattus : M. Reynal en fit l'autopsie, en présence de M. le Préfet, de M. Boutet et de moi, et je ne pus constater aucune différence entre le cadavre de l'animal non traité et ceux des animaux traités, si ce n'est que le sang de ces derniers était un peu plus rouge, ou, si l'on aime mieux, un peu moins noir. Dans la douloureuse situation de corps et d'esprit où je me trouvais et dans l'impossibilité d'aller chercher à Paris le puissant médicament qui me manquait, je remis à un autre temps la continuation de mes expériences, et j'allai demander l'hospitalité à mon ami, M. Vassal, dans les environs de Rambouillet, pour prendre un peu de repos. Mais M. Boutet, le Préfet M. Le Gay

(1) Partageant l'étrange destinée de beaucoup d'hommes courageux comme lui, mon malheureux aide, après être sorti sain et sauf des sanglantes batailles du Rhin et de la Moselle, après avoir, à travers mille périls, été le *seul* à sauver la caisse de la trésorerie de sa division, qui lui était confiée, après avoir été refoulé en Suisse avec le général Clinchant, est revenu mourir presque subitement dans son lit, atteint d'une sorte d'accès de fièvre pernicieuse. J'ai souvent eu la douloureuse crainte, et je ne suis pas entièrement rassuré à cet égard, qu'il se soit inoculé le typhus, pendant nos expériences de Grenelle, et que cette inoculation, après une fermentation prolongée, se soit manifestée violemment par des phénomènes insolites. Ce qu'il y a de certain, c'est que je suis moi-même très-souffrant et que je ne me remets que très-difficilement depuis toutes ces expériences.

et moi nous nous sommes promis de reprendre nos expériences à la première invasion de sang de rate aux environs de
Chartres.

Malgré cet échec, je ne considérais pas l'acide phénique seul
comme impuissant; je supposai que les précautions que j'avais
prises pour donner une grande énergie au contagium avaient
bien pu rendre insuffisantes les doses que j'avais prescrites.
— Car on sait maintenant, grâce aux belles et lumineuses
expériences de M. Pasteur, à quoi s'en tenir sur la valeur des
doses impondérables de l'expérimentateur Lemaire. — Cependant, M. le professeur Reynal, qui avait aussi suivi l'expérience, étant d'avis qu'il ne fallait pas, en la renouvelant,
s'exposer à perdre encore de la viande, je n'insistai point;
comme, d'une autre part, les événements ne me permettaient
pas d'aller à Paris chercher le complément prophylactique et
thérapeutique qui me manquait, je dus cesser là mon expérimentation et rester sous le coup de ce petit insuccès. Quoiqu'il
m'ait contrarié pour plusieurs motifs, il n'est point de nature
à ébranler ma confiance dans la médication nouvelle, d'abord
parce que cette expérience négative ne saurait détruire les expériences positives beaucoup plus nombreuses; ensuite, parce
que l'acide phénique peut avoir été administré à une dose trop
faible pour l'énergie du contage; enfin, et surtout, parce que
cet acide a été employé sans l'auxiliaire puissant qui deviendra
peut-être indispensable dans toutes les maladies à ferment
puissant, telles que le typhus, le choléra, la fièvre jaune, peut-
être même les fièvres pernicieuses, etc. Quoi qu'il en soit,
j'espère qu'il me sera donné un jour de convaincre des observateurs aussi éclairés, aussi impartiaux que M. Boulet, qui for-
ment sinon l'avant-garde de l'armée du progrès, au moins
son premier corps d'élite, celui qui décide de la victoire,
quand on a le bonheur de l'avoir pour soi.

Tel est l'exposé des expériences qu'il m'a été donné de faire
sur la curation du typhus des bêtes à cornes par ma nouvelle
méthode de traitement. Avant de parler des conséquences pratiques qu'il me paraît convenable d'en déduire, un mot sur
quelques-unes des critiques dont elles ont été l'objet, si toutefois on peut donner, sans le prostituer, le nom de critiques à

des objections qui ne se produisent que sous le manteau de la
cheminée et circulent dans un cercle de dénigreurs malveillants
et honteux, ou à des satires qui veulent être spirituellement
injurieuses, mais qui ne sont que niaisement grossières. Telle
est la suivante, d'un certain vétérinaire du nom de Dupont,
chargé, paraît-il, par la Société de médecine de Bordeaux, de
faire à cette compagnie savante un rapport sur le typhus des
bêtes à cornes.

« Je ne vous parlerai pas, dit ce grand savant à la Société
médicale de Bordeaux, des traitements confiés aux sorciers et
aux faux savants du pays. Mais des expériences ont été faites.
Chargé de les *faire contrôler*, je dois vous en parler brièvement.
L'acide phénique a été essayé *intùs et supra* » (*sic*) « dans l'arrondissement de Morlaix par un médecin de Paris. Vous connaissez certainement le savant dont le nom m'échappe qui a eu
le courage de se dévouer à cette tâche. Il est connu dans le
monde médical par une communauté de travaux avec un char-
latan d'une autre époque, le faux docteur noir. C'est toujours
la même panacée guérissant tour à tour le cancer, la fièvre
jaune, le charbon et les autres entités morbides qui ont déjoué
jusqu'à ce jour toutes les ressources de notre thérapeutique. Je
n'ai point à vous dire les résultats de ces expériences : *vous les
avez devinés.* J'aurais mieux aimé constater un succès, car je
suis de l'école des expérimentateurs, et les échecs ne me dé-
couragent pas. J'applaudis et je seconderai toujours de ma
sympathie et de mon concours les savants, les hommes honorables qui se dévouent à la solution des problèmes qui intéressent à un si haut degré la salubrité et la fortune publique. »
(*Le typhus dans le Finistère*, par DUPONT, médecin-vétérinaire
du département de la Gironde ; Bordeaux, 1871, p. 17.)

M. le médecin-vétérinaire Dupont dit être de l'école des expérimentateurs. M. le médecin-vétérinaire Dupont s'abuse : il
est de plusieurs écoles, mais pas de celle-là. Dans l'école des
expérimentateurs, on ne *fait pas contrôler* des expéri nces, on
les contrôle soi-même, quelque grand seigneur qu'on soit, —
et M. le médecin-vétérinaire Dupont en est sans doute un très-
grand, pour parler avec un pareil sans-façon de choses dont il
ne sait pas le premier mot;— dans l'école des expérimentateurs,

on ne devine pas des résultats, on les constate ou on les discute; dans l'école des expérimentateurs, on fait encore plusieurs autres choses que M. le médecin-vétérinaire Dupont ne fait pas, et qu'il ne peut pas faire, par la raison péremptoire qu'il ne les comprend pas. M. le médecin-vétérinaire Dupont n'est donc pas, décidément, de l'école des expérimentateurs. De quelle école est-il donc? Nous allons le lui apprendre, car il est assurément fort incapable de le découvrir ou de le deviner lui-même.

M. le médecin-vétérinaire Dupont est d'abord de l'école des imposteurs, attendu qu'il est faux, quoique ledit médecin-vétérinaire l'affirme avec impudence, qu'il existe aucune communauté de travaux entre le médecin qui a fait les expériences dans l'arrondissement de Morlaix et le faux docteur Noir, à supposer que le faux docteur Noir ait fait des travaux.

Et comme cette affirmation impudente était de nature à porter atteinte à la considération d'autrui, M. le médecin-vétérinaire Dupont est de l'école des imposteurs-calomniateurs.

Et comme cette affirmation impudente et calomnieuse, quoique prononcée publiquement, l'a été dans des circonstances telles, qu'un hasard extraordinaire a pu en donner connaissance à la personne calomniée, M. le médecin-vétérinaire est encore de l'école des calomniateurs lâches ou tout au moins hypocrites, lesquels se ressemblent fort.

Enfin, pour en finir avec les écoles de M. le médecin-vétérinaire Dupont, — car on n'en finirait pas, si le personnage en valait la peine — disons que ce grand contrôleur — par procuration — d'expériences, est de l'école des ignorants présomptueux, car, s'il avait la première notion des expériences thérapeutiques et même physiologiques dont l'acide phénique a été l'objet, il trouverait très-naturel qu'on ait pu espérer dans les propriétés curatives de cet agent contre des maladies très-probablement ou sûrement parasitaires, à moins que, n'ignorant point ces expériences, il n'ait pas pu en comprendre la portée, auquel cas M. le médecin vétérinaire Dupont serait de l'école des idiots. Celle-là ne demande pas grand apprentissage; les adeptes sont véritablement doués par la nature, et il n'y a rien à leur apprendre; aussi m'arrêterai-je ici, avec M. le médecin-vétérinaire Dupont.

é...

J'en pourrais peut-être dire plus long sur la société des médecins qui a pu entendre des calomnies et des âneries comme celles du susdit (pour parler le langage de M. Lemaire), sans le rappeler au respect de la dignité scientifique, du bon sens et de l'équité; mais cela m'entraînerait trop loin. Ce sera, si le besoin s'en fait sentir, pour une autre occasion.

Pour le moment, nous ne croyons pas cette occasion pressante; il n'est pas probable que les lourdes facéties de M. le médecin-vétérinaire Dupont et la tolérance complaisante de la Société de médecine de Bordeaux empêchent tous les hommes instruits et de bonne foi d'accorder aux expériences de Morlaix et aussi à celles de Paris, l'importance que leur ont reconnue les membres les plus compétents de l'Académie des sciences, à commencer par l'illustre secrétaire perpétuel, M. Élie de Beaumont.

Maintenant, quelles suites pratiques donner à ces expériences? Il convient ici de distinguer les pays.

Certes, si au lieu de guérir dans la proportion de 64 à 65 p. 100, j'avais pu obtenir une proportion de guérisons de 90 à 95 p. 100; si j'avais pu espérer de réveiller assez la torpeur des agriculteurs pour leur faire appliquer une méthode dans tous les cas et au moins dès le début de la maladie, sinon avant même son développement, je n'aurais pas hésité à continuer les sacrifices qu'exigeaient la poursuite, la multiplication de mes expériences, et à réclamer l'abrogation des ordonnances qui exigent l'abatage immédiat de toute étable envahie. Mais, dans ces cas même, c'eût été réclamer une mesure bien grave et endosser une bien grande responsabilité; je n'ai pas cru que les succès que j'avais obtenus, quelque importants qu'ils fussent sous le rapport médical, m'autorisassent à provoquer l'abrogation de mesures sans doute bien cruelles, mais qui, cependant, appliquées avec rigueur, parviennent toujours à arrêter le fléau (1). Incertain si j'arriverais au résultat que j'aurais désiré

---

(1) Il est vrai que cette application rigoureuse n'est pas toujours facile, malgré la meilleure volonté des autorités compétentes. Malgré les circulaires réitérées et les menaces de ces autorités, l'inertie et la cupidité des paysans sont tellement difficiles à surmonter, qu'au moment même ou nous écrivons ces lignes (mars 1872) plus d'un an après la communication de M. Bouley à l'Académie des sciences et

et appelé, d'ailleurs, par d'autres devoirs, je n'ai pas poussé plus loin mes expériences dont ne pourraient peut-être profiter ni la France ni les pays où la peste bovine ne règne qu'accidentellement.

Quant aux contrées dans lesquelles la maladie est endémique, nos expériences sont suffisantes pour servir de guide aux populations et aux administrations qui voudront atténuer considérablement, sinon empêcher totalement les ravages du fléau que nous avons combattu avec succès. Elles trouveront dans ce travail toutes les indications nécessaires pour obtenir des résultats aussi ou plus avantageux que les nôtres; et, dans tous les cas, nous nous ferons toujours un devoir et un plaisir de donner tous les renseignements désirés aux administrations et même aux particuliers qui trouveraient insuffisantes les explications renfermées dans le présent ouvrage.

Post-scriptum. — Nouveau traitement du typhus bovin. — Le bon à tirer de cette feuille n'était pas encore donné quand nous lûmes, dans le *Journal de l'agriculture*, une note d'un agriculteur distingué du nord, M. Gustave Hamoir, sur un traitement *hygiénique, prophylactique* et *thérapeutique* du typhus.

Ce que l'auteur appelle les *moyens hygiéniques*, c'est de maintenir les fonctions des animaux dans le meilleur état possible ; ces moyens n'offrent rien de particulier, si ce n'est, l'emploi de 30 à 40 grammes de sulfate de soude, tous les 5 ou 6 jours, dans les cas où il y a pléthore, pour diminuer la masse du sang. Il y aurait beaucoup à dire sur ces premiers moyens; nous croyons que cela n'est pas indispensable.

Les moyens *prophylactiques* consistent à badigeonner, tous les trois ou quatre jours, les murs des étables avec du coaltar et à faire boire chaque jour aux animaux 10 à 15 grammes d'acide phénique brut ou épuré, soit, dit l'auteur, une à deux cuillerées à café dans chacun des deux breuvages de la journée.

Enfin les moyens *thérapeutiques* consistent ou plutôt consiste, — cas ils se réduisent à un, — dans l'administration de deux

<hr>

après nos expériences, le typhus sévit encore avec énergie dans plusieurs de nos départements. Je corrige ces épreuves en juillet, et le typhus n'a pas encore disparu de toutes les localités.

grammes d'arséniate de soude qu'on porte progressivement jusqu'à trois grammes et demi.

M. Gustave Hamoir n'a pas l'air de se douter des travaux dont l'acide phénique a été l'objet; il s'est mis d'emblée, sous ce rapport, à la hauteur des Sanson, des Chauffard, — sans comparaison — et autres; il n'y a pas lieu de s'arrêter sur ce point. Nous devons nous borner à dire que la note de l'honorable agriculteur ne renferme pas les détails nécessaires pour permettre de porter un jugement sur la médication arsenicale, et que l'auteur est le premier à le reconnaître et à promettre un mémoire plus complet sur ses observations; il n'est pas à notre connaissance que ce mémoire ait paru.

On n'obtient que bien rarement, d'ordinaire, l'honneur d'un rapport, quand on présente les travaux les plus développés, parfois les plus complets, devant une société savante. M. Reynal est sorti des habitudes qu'il doit partager avec tous les académiciens, en s'empressant de faire, à la Société centrale d'agriculture, un rapport sur la note de M. Hamoir, sans même attendre le travail plus étendu annoncé par cet agriculteur. M. Reynal ne s'est même pas contenté d'apprécier, dans son rapport, le travail qui en était l'objet; il y a annexé la critique en bloc de tous les traitements essayés contre la peste bovine et en particulier du traitement phéniqué; c'est à ce dernier point de vue seulement que la critique de M. Reynal doit nous arrêter quelques instants.

Cette critique s'appuie principalement sur des considérations théoriques, ou, si l'on veut, sur des déductions rationnelles, et en partie seulement sur des expériences qui seraient propres à M. le rapporteur. Nous les examinerons séparément.

L'objection que M. Reynal oppose au traitement phéniqué comme au traitement arsenical, comme à tous les traitements, c'est que les expérimentateurs n'ont pas tenu compte des guérisons qui surviennent par les seuls efforts de la nature, et dont la proportion varie suivant la période de l'épidémie, suivant les races d'animaux, etc.; il y a toujours des etc. dans les dissertations de M. Reynal, mais des etc. qui sont, en général, des énigmes sans sphinx. Pour beaucoup d'épidémies, cette objection de M. Reynal pourrait être fondée; en ce qui concerne le typhus, elle ne paraît pas acceptable, et elle a même lieu de surprendre de la part d'un professeur de l'école d'Alfort; aussi n'y a-t-il pas lieu de s'étonner de la forme alambiquée dont l'honorable critique l'a revêtue.

Pour juger de l'efficacité des traitements « les maladies épidémiques en général, dit-il, et la peste bovine en particulier, présentent des difficultés sur lesquelles ne s'est pas assez arrêtée l'attention de ceux qui ont préconisé des traitements...

» On ne tient pas suffisamment compte de ce fait que, dans toute maladie épidémique et contagieuse, un certain nombre de sujets échappe à l'influence de la contagion, et même que parmi ceux qui présentent des symptômes de la maladie, une proportion tantôt plus, tantôt moins forte, se soustrait d'elle-même à la mortalité, en dehors de l'intervention d'un traitement quelconque.

» Les variations que l'on remarque dans cette proportion, coïncident ordinairement avec les races des animaux et avec les périodes de la maladie contagieuse. A cet égard, l'histoire de la peste bovine est précise; elle témoigne que toujours sa violence et sa gravité ont diminué d'une manière progressive » ... etc. Inutile sans doute de continuer cet alambicage, qui est loin de ressembler à l'histoire de la peste, pour la précision : mais, s'il est difficile à analyser grammaticalement, il n'est du moins pas impossible à deviner : « *la proportion qui se sous· trait d'elle-même à la mortalité* » signifie évidemment qu'un certain nombre d'animaux atteints de la peste guérit spontanément; M. Reynal sait que la proportion des guérisons spontanées peut aller jusqu'à 64 ou 65 p. 100, comme à Morlaix; voilà l'objection, si elle signifie quelque chose, et c'est ainsi comprise qu'elle nous paraît, avons-nous dit, difficile à comprendre. Il nous semble qu'avant de la formuler de la sorte, M. Reynal aurait bien fait de s'entendre avec son collègue M. Bouley, qui a dit à l'Académie des sciences, qui a écrit et répété, que le typhus bovin est incurable, et que tout animal atteint est un animal mort. Mais que parlé-je de l'accord de M. Reynal avec M. Bouley? et comment M. Reynal s'accorderait-il avec son collègue, dès qu'il ne peut s'accorder avec lui-même ? Dans ce même rapport, où il affirme « qu'une certaine proportion d'animaux, qui présentent des symptômes de la peste, se soustrait d'elle-même à la mortalité, » ne dit-il pas à ses collègues de la Société d'agriculture, environ 50 lignes plus loin : « *Avant comme après les tentatives même les plus rationnelles, que vous connaissez* l'INCURABILITÉ RESTE UN DES CARACTÈRES DISTINCTIFS de cette épizootie. » D'où il suit que la peste bovine est, à la fois curable et....... incurable! découverte assez phénoménale, il faut le reconnaître, et assez éblouissante pour masquer toutes les autres à la vue de M. Reynal! Il faut avouer qu'un savant qui fait de semblables découvertes est bien bon de s'occuper d'expériences. M. Reynal s'est pourtant donné la peine d'en faire, et voici les termes dans lesquels il les résume, toujours dans ce même rapport, qui a dû faire les délices de la Société centrale d'agriculture : « Au point de vue de la prophylaxie, j'ai constaté que, pour un même nombre de sujets contaminés et isolés dans des localités situées loin de tout foyer de contagion, la proportion de ceux qui sont devenus malades a été sensiblement la même. Ceux qui avaient subi le traitement préventif par l'acide phénique ont contracté, tous aussi bien que les autres, la peste bovine. » Voilà les expériences que M. Reynal a pris la peine de faire. Où, quand, comment ont-elles été faites? combien sont-elles? Autant de questions que l'honorable rapporteur de la Société d'agriculture juge sans doute fort oiseuses. et qui doivent l'être en effet, pour un critique qui juge par un procédé aussi sommaire les expériences circonstanciées de Morlaix, et qui a découvert que la « curabilité du typhus a pour caractère distinctif d'être incurable! » Les agriculteurs plus terre à terre jugeront autrement, nous l'espérons pour eux, nos expériences et celles de notre zélé collaborateur, M. Lecoz, et ils n'admettront pas que le typhus, ne fût-il pas aussi radicalement incurable que le croient tous les auteurs de pathologie vétérinaire, puisse jamais offrir, à une période quelconque d'une épidémie, une proportion de 64 guérisons spontanées sur cent. Il faut ajouter qu'au moment où cette proportion de guérisons a été obtenue dans l'arrondissement de Morlaix, l'épidémie régnait dans toute sa violence, et qu'ainsi l'objection tirée des périodes des épidémies ne serait nullement applicable à ces guérisons, lors même que, dans les périodes de déclin, le typhus deviendrait curable.

Quant aux *auteurs*, pleins d'illusion, qui ont essayé de vulgariser l'emploi de l'acide phénique dans le typhus bovin, ces auteurs se réduisent à un, qui est l'auteur de ce travail. M. Reynal ne peut l'ignorer ; si c'est par ménagement qu'il ne l'a pas désigné nommément, c'est trop de générosité ; si ce n'est par un autre sentiment, ce n'est pas assez d'indépendance, de courage ou de loyauté.

2e SOUS-SECTION. — Maladies évidemment contagieuses, virulentes.

ART. I. — CONSIDÉRATIONS GÉNÉRALES SUR LES VIRUS ET LES FERMENTS.

Toutes les maladies contagieuses sont en réalité *virulentes,* puisque le sens le plus rationnel qu'on doive attacher au mo-*virus* est celui d'une matière renfermant ou constituant le principe matériel des maladies contagieuses, et qui, introduite sous la peau d'un animal, reproduit la maladie qui lui a donné naissance, tantôt sur un animal de même espèce, tantôt sur un animal d'espèce différente. Les maladies de cette sous-section auraient donc pu n'être point séparées de la sous-section précédente, ni même, probablement, de plusieurs de celles dont nous avons formé la sous-section suivante, et dans lesquelles des recherches ultérieures démontreront, sans aucun doute, l'existence d'un principe contagieux d'un véritable virus. Quelques auteurs, encore aujourd'hui, Liébig entre autres, placent dans une même catégorie les virus et les venins, dont nous faisons une section spéciale ; mais ces auteurs nous paraissent avoir tort, pour des motifs que nous dirons en parlant des venins.

Quant à la distinction que nous avons faite entre les maladies de cette section, celles de la section précédente et quelques-unes de la section suivante, elle nous a paru nécessaire, d'une part, pour faire ressortir plus nettement les caractères spéciaux au groupe des maladies auxquelles nous restreignons la qualification de virulentes, et d'autre part, pour ne pas confondre celles dont la contagion est parfaitement et définitivement prouvée avec celles dont la contagion est encore problématique ou insuffisamment démontrée, et que nous continuerons à désigner avec beaucoup d'auteurs sous le nom de maladies *miasmatiques.*

Dans l'état actuel de nos connaissances, il nous paraît utile de restreindre la qualification de maladies *virulentes* à celles dont le principe contagieux est renfermé dans la matière d'une sécrétion accidentelle, ayant des caractères déterminés, spéciaux. Ces maladies ne sont pas ou ne sont que difficilement, problématiquement, transmissibles par le sang, si ce n'est héréditairement; du moins les faits connus et bien observés n'ont-ils point démontré le contraire (1). Sans doute le charbon se transmet aussi fréquemment, aussi énergiquement que la syphilis ou la rage; mais il se transmet aussi bien par le sang, par la bouillie splénique que par les foyers gangréneux ou séro-purulents; tandis que la syphilis ne se transmet que par le pus ou le muco-pus de la lésion locale, et la rage, par la bave ou salive morbide. C'est dans ces sécrétions que se trouve le véritable *virus,* sinon exclusivement, du moins principalement et avec tous ses caractères.

En outre, les maladies virulentes telles que nous les admettons ont des périodes beaucoup plus nettement dessinées que les autres maladies contagieuses, particulièrement la période d'incubation (2); et les parasites qui doivent causer ce groupe

(1) Si elles ne se transmettent pas par le sang, encore moins admettrons-nous qu'elles se transmettent par le moyen d'une autre sécrétion spécifique elle-même. Aussi, malgré les faits, aujourd'hui considérés comme démonstratifs par un grand nombre de médecins, et qui semblent prouver la transmission de la syphilis par l'inoculation de pustules vaccinales, ne saurions-nous croire à une pareille transmission; nous y croirions, à la rigueur, si, en prenant du vaccin sur une pustule on prenait en même temps un peu de sang, l'inoculation du sang syphilitique pouvant, à la grande rigueur, transmettre la syphilis. Mais croire que la sécrétion spéciale où se concentre le virus vaccin puisse transmettre la syphilis, autant vaudrait admettre qu'en semant deux glands on peut faire pousser un chêne et un sapin. Il serait, du reste, bien étrange qu'après avoir pratiqué, depuis bientôt cent ans des centaines de millions de vaccinations, il eût fallu attendre jusqu'à ces dernières années pour s'apercevoir que la vaccine transmettait *souvent* la syphilis! Il y a pourtant des académiciens, grands adorateurs de l'expérience, grands contempteurs des théories, qui croient à ces monstruosités!

(2) Nous n'ignorons pas qu'un grand syphiliographe, qui a beaucoup et très-heureusement cultivé la vérole au point de vue tintamarresque, financier et moral (par euphémisme), a nié la période d'incubation dans la syphilis; mais c'était pure

de maladies ont très-probablement beaucoup plus d'analogies entre eux qu'avec ceux des maladies contagieuses ordinaires, à plus forte raison qu'avec ceux des maladies miasmatiques. Tous ces motifs nous paraissent justifier le maintien, au moins provisoire, de cette sous-section. Les progrès de la science la feront disparaître sans doute ; mais ils feront disparaître aussi toutes les autres, car un jour viendra où les espèces de maladies seront classées d'après les espèces de parasites qui en sont la cause, et, avec ce progrès, disparaîtront, non-seulement notre classification provisoire, dont nous sommes loin de vouloir grossir l'importance, mais toutes ces innombrables classifications beaucoup plus ambitieuses, beaucoup plus irrationnelles en ce qu'elles ont d'intelligible, et souvent plus obscures encore que déraisonnables, bonnes tout au plus à fournir un stérile aliment aux esprits nuageux, qui ne se plaisent que dans l'atmosphère malsaine des brouillards. Quand ce progrès, que nous appelons de tous nos vœux, sera réalisé, il n'y aura ni miasmes, ni virus, ni ferments, si ce n'est dans la partie historique de la science ; il y aura des sarcoptes, des oxyures, des trichines, des bactéridies, dont l'histoire naturelle sera l'histoire des conditions dans lesquelles ils se développent et vivent, c'est-à-dire l'histoire des maladies que ces parasites provoquent ; il restera debout, en un mot, le grand principe de la doctrine parasitaire : alors, on saura pourquoi on ne peut guérir les maladies qui resteront incurables, et pourquoi l'on guérit celles qui seront curables.

ART. II. — DE LA MORVE ET DU FARCIN.

Quoique les circonstances m'aient fait empiéter beaucoup, depuis quelques années, sur le domaine de mes confrères en vétérinaire, l'occasion ne s'est pas présentée à moi de traiter un seul cas de morve ou de farcin, qui n'est, comme on sait, que la forme chronique de la morve. Je n'ai pas davantage eu l'occasion de traiter cette maladie chez l'homme, auquel elle se

facétie et moyen de s'originaliser : au fond, M. Ricord ne croit pas plus à ses doctrines qu'à la vertu de ses clientes ; mais il croit, pour d'excellentes raisons, au succès académique et économique de ses facéties et de ses petits calculs.

f

transmet par le contact, on le sait également. En 1864, un vétérinaire du 9e régiment de chasseurs, M. Condamine, traita par l'acide phénique *intus* et *extrà* deux chevaux reconnus morveux, dit-il, par M. Bouley : il a publié dans le *Moniteur des sciences médicales* les résultats de ces deux essais. Chez le premier de ces chevaux, les symptômes de la morve auraient disparu au bout de vingt-cinq jours; chez l'autre, une amélioration prononcée se manifesta rapidement, mais il fut abattu à l'insu de M. Condamine. M. Lemaire, qui rappelle ces deux faits, dit que les professeurs d'Alfort ne sont pas d'accord avec leur confrère du 9e chasseurs, sur les avantages qu'aurait eus dans ces deux cas l'acide phénique. Dans les entrevues que nous avons eues avec M. Bouley, nous avons négligé de l'interroger à ce sujet; nous n'osons donc nous prononcer sur l'efficacité que pourrait avoir notre médication appliquée au traitement de la morve, avec les perfectionnements que nous y avons apportés depuis quelques années. Mais il est un fait sur lequel nous nous prononcerons nettement; c'est qu'il est au moins étrange que, dans une maladie constamment ou à peu près constamment incurable, quand elle est traitée par les moyens connus, et en présence des faits, même à les supposer insuffisants, de M. Condamine, en présence des beaux résultats obtenus, d'ailleurs, à l'aide de la médication phéniquée, dans plusieurs autres maladies contagieuses, les vétérinaires soient restés, en ce qui concerne la morve, spectateurs impassibles des essais tentés et des progrès accomplis ! Comment, devant une pareille inertie, une pareille incurie, les vétérinaires et les médecins peuvent-ils s'étonner que les pouvoirs publics soient aussi indifférents aux réclamations incessantes que nous leur adressons touchant nos priviléges? Comment ne comprennent-ils pas que cette incurie peut laisser croire aux hommes de gouvernement que ce qui nous préoccupe le plus dans notre profession, ce sont nos intérêts, et non, comme cela devrait être, les intérêts de la santé publique? Que les médecins, que les vétérinaires y réfléchissent, et ils s'apercevront que le meilleur moyen d'obtenir justice pour soi, c'est de se montrer plus soucieux du progrès général et professionnel et de nos devoirs envers la société.

Un exemple d'honorable exception a été donné par M. Chappard, vétérinaire à Chantilly. Il a traité un cas de farcin et un autre de morve par l'acide phénique *intus et extrà*, par la strychnine et l'acide arsénieux.

Dans le cas de morve, le propriétaire, craignant un insuccès, a fait abattre l'animal huit jours après le début du traitement; c'est un fait nul.

Dans le cas de farcin, M. Chappard, après un traitement très-assidu par les injections, a obtenu un succès qui paraît être définitif.

ART. III. — DE LA RAGE.

C'est à propos d'un cas de morsure par un chien enragé qu'un honorable observateur de l'évangile Dorvault, dit l'*Officine*, conseillait d'administrer à la personne mordue « dix grammes d'acide phénique! » Un agronome de bon sens a été mieux inspiré par sa logique que le pharmacien par sa science et par son évangile : il n'a pas voulu administrer la dose conseillée sans me consulter, et il a ainsi privé la science d'une observation d'empoisonnement par l'acide phénique, plus réel que ceux des Drs Lightfoot, Lafargue et consorts (voir ci-dessus, p. 156 et suiv.). Il s'agissait, dans ce cas, d'employer l'acide phénique comme préventif, car l'individu mordu venait de l'être tout récemment, et n'éprouvait d'autres accidents que ceux d'une morsure simple. N'ayant reçu aucune nouvelle subséquente de ce malade, je suppose que la morsure n'aura pas eu de suite; mais il arrive si souvent que des morsures de chiens enragés ne sont pas suivies du développement de la rage, qu'il n'y a rien à conclure de ce fait, que je n'ai point d'ailleurs observé moi-même. Je n'en connais aucun où l'acide phénique ait été employé contre la rage déjà développée ou tout au moins commençante; c'est là un sujet encore vierge, qui s'offre à l'étude des thérapeutistes de progrès. La question en reste donc au point où je l'avais laissée dans la première édition de cet ouvrage, il y a de cela plus de huit ans. Les cas de rage ne sont pourtant pas d'une très-grande rareté en France ni en Europe; mais ainsi va le progrès! et nos confrères de la médecine humaine et vétérinaire se plaignent que le public se jette souvent dans les bras des charlatans et des empiriques ! Cependant, les faits que nous avons publiés en 1865, sans être absolument concluants, étaient bien faits pour encourager des tentatives nouvelles. Ces faits m'avaient été communiqués par un honorable pharmacien de Levallois près Paris, M. Peyroulx.

En août 1864, un bouledogue de la race dite terrier mordit cinq chiens dans le village de Levallois ; trois de ces animaux quittèrent le pays, quelques jours après ; on ne les revit jamais ; les deux autres furent conduits à Alfort et y restèrent dix-neuf jours, après lesquels on les rendit à leurs maîtres. L'un d'eux (une levrette) fut prise des premiers symptômes de la rage, le vingt-huitième jour ; elle était triste, et sa maîtresse, pour l'égayer, l'excitait en promenant une chaussure de caoutchouc avec laquelle elle l'amusait habituellement. Au lieu de jouer, la chienne se précipita tout à coup sur la chaussure, et avant que sa maîtresse eût eu le temps de retirer la main, elle la mordit. Cette dame se rendit tout de suite chez M. Peyroulx. Ce pharmacien, après avoir lu, dans *La Patrie*, le compte rendu d'une de mes conférences sur l'efficacité probable de l'acide phénique contre les morsures de chiens enragés, en avait déjà fait une première expérience ; il cautérisa donc sur-le-champ les blessures avec cet acide, et en prépara une solution légère que cette malade but pendant plusieurs jours. Aucun symptôme ne s'est déclaré chez cette dame, quoique sa chienne fût réellement enragée.

Le second chien mordu et resté dans le village (chien de garde mâtiné) fut pris de rage huit ou dix jours après la levrette ; comme il était attaché, on put l'étrangler immédiatement.

Quant à la première expérience de M. Peyroulx sur l'emploi de l'acide phénique contre les morsures de chiens enragés, voici dans quelles conditions elle s'était faite :

Le jour même où les cinq chiens furent mordus, on poursuivait de loin le premier chien enragé. Cet animal, se voyant serré de trop près ou agissant sous l'empire d'un accès, s'arrêta devant la porte d'un journalier, M. Jean Rey. Il paraissait anéanti, avait la tête basse et le museau à terre, ne faisait au-

cun mouvement et était tourné vers la porte qui faisait face à
M. Rey. Alors Jean Rey se précipita sur lui, et le saisit par le
cou, afin qu'on pût lui passer une corde ; mais, dans la lutte,
Jean Rey fut mordu au doigt ; il alla de suite chez son médecin
qui était absent, et de là se rendit chez M. Peyroulx, tout en
pressant le doigt mordu et essayant de le faire saigner.
M. Peyroulx épongea la morsure, puis la cautérisa à l'acide
phénique, aussi profondément qu'il put ; il prépara, en outre,
une médication phéniquée, et en donna immédiatement une
cuillerée à M. Rey, en lui recommandant d'en prendre plusieurs dans la journée et les jours suivants. Cet homme n'a
éprouvé aucun accident à la suite de ces morsures.

J'ai déjà rappelé combien sont fréquentes les morsures de
chiens enragés qui ne sont suivies d'aucun accident. Cependant
dant cette fréquence est beaucoup moins grande quand les
morsures ont été faites sur des parties nues que sur les parties
recouvertes d'un vêtement ; or, c'est précisément aux mains,
non gantées, bien entendu, qu'ont été mordues les deux personnes traitées par M. Peyroulx. Ses observations, sans être
absolument concluantes, je ne fais aucune difficulté à le répéter, me paraissent néanmoins assez importantes pour qu'il soit
étrange qu'aucun médecin ne les ait encore répétées. On pourra
s'étonner même qu'aucune expérience n'ait été faite dans les
écoles vétérinaires, où il y a très-souvent des chiens en cellule
grillée, enragés ou attendant la rage. Et à propos de chiens en
cellule, nous ne comprenons pas pourquoi l'école d'Alfort, qui
avait accepté les deux chiens mordus de Levallois, les a rendus
à leurs propriétaires le 19e jour ; les professeurs de cette école
savent certainement mieux que nous que la rage se développe
souvent après le 19e jour de l'inoculation, peut-être plus souvent après qu'avant. Avec un peu plus de précautions, ils auraient prévenu deux morsures, qui pouvaient parfaitement
avoir la mort pour conséquence.

Le contagium de la rage peut être considéré comme le type
des ferments que nous avons classés dans cette sous-section,
les ferments virulents : toutes les expériences tendent à démontrer qu'aucune partie solide ou liquide de l'économie
autre que la salive ne recèle ce virus, et la salive rabique

elle-même ne diffère en rien, à l'œil nu, de la salive physiologique. Le parasite auquel est due, à peu près sûrement, la propriété virulente de la salive rabique est donc un des plus exclusifs dans son habitat.

C'est aussi un des plus fixes : jamais un cas de rage ne s'est développé par le simple contact, et même nous avons déjà rappelé que les morsures qui sont faites à travers un vêtement, qui essuie en quelque sorte les dents de l'animal enragé, ne sont que très-rarement suivies du développement de la maladie, ce qui prouve que le parasite est facilement écarté par un frottement, et par conséquent qu'il est d'un volume relativement assez considérable. Ces particularités peuvent faire espérer que ce parasite sera découvert sans trop de difficultés, quand on le recherchera attentivement.

Si le virus rabique est exclusif dans son lieu d'élection, il ne l'est pas dans le choix des espèces animales : tous ou presque tous les mammifères peuvent en être atteints ; et, chez tous, il provoque des symptômes qui se terminent inévitablement par la mort. Le chien est toutefois, avec le loup et peut-être le renard et le chacal, l'animal chez lequel le virus se développe, à beaucoup près, le plus souvent. Les oiseaux paraissent y être absolument réfractaires.

Comme la pustule maligne, la rage ne se développe jamais spontanément chez l'homme ni chez le cheval, ni probablement chez les autres herbivores. Malgré ces circonstances, qui sembleraient de nature à jeter du jour sur les conditions de développement du virus rabique, on n'a encore fait à cet égard que des conjectures sans fondement. On paraît beaucoup plus éloigné de la vérité en ce qui concerne ce virus qu'en ce qui concerne le ferment charbonneux, qui est certainement introduit dans l'organisme par l'alimentation (1).

ART. II. — DE LA CACHEXIE AQUEUSE OU POURRITURE.

Cette maladie s'observe quelquefois chez les bœufs, mais elle est presque exclusive au mouton, sur lequel on l'observe le

(1) Nous venons d'apprendre que M. le Dr Dumesnil vient d'obtenir par l'acide phénique un succès sur un cas de rage confirmée ; nous en donnerons les détails dans une troisième édition, s'il y a lieu.

plus ordinairement à l'état enzootique. C'est une des maladies qui ont reçu le plus de dénominations, puisque, outre les deux principales que nous avons inscrites en tête de cet article, on la désigne encore sous le nom de *mouton pourri, mal pourri, mal de foie, bouteille, boule, bourse, goitre, cloche, hydatide, douve, games, ganache, jaunisse, anasarque,* et encore il y a des *etc.* Je ne donne pas tous ces noms pour faire de la science d'érudition, qui se trouve dans tous les livres, mais pour que les agriculteurs, parmi lesquels ces noms sont encore usités, sachent de quoi il s'agit ici.

Nous n'avons pas, tant s'en faut, parcouru toutes les contrées de France où l'on peut observer la *pourriture*; mais, dans deux voyages que nous fîmes en Sologne, aux Bardes et à Hupenau, cette maladie nous parut coïncider si exactement avec la fièvre intermittente de l'homme, que l'idée nous vint que fièvre et cachexie pouvaient bien être produites ou par le même parasite ou par des parasites habitant les mêmes localités; les informations que nous avons prises depuis ne font que nous confirmer dans nos premières présomptions. Il nous paraît même assez singulier que cette pensée ne se soit pas présentée à l'esprit des auteurs vétérinaires qui ont parlé de la cachexie aqueuse et qui, pour la plupart, l'attribuent à la mauvaise nourriture et à l'humidité, qui pénètre au sein de l'économie, suivant les expressions de M. Bouley, « par toutes les voies d'absorption, » (*peau, intestin, poumon*). Le même auteur n'hésite même pas à donner comme un fait positif que Blackewel a pu faire naître à volonté la cachexie aqueuse en plaçant les troupeaux sur des pâturages qu'il arrosait chaque jour. Nous n'en croyons absolument rien, à moins que les arrosements ne se fissent dans des conditions à pouvoir déterminer des décompositions de matières organiques.

Quoi qu'il en soit, l'opinion que nous nous fîmes en Sologne, sur l'étiologie de la *pourriture*, nous donna l'idée d'essayer contre cette affection, pendant que nous expérimentions sur la fièvre intermittente de l'homme, la médication phéniquée, à laquelle nous nous proposâmes d'associer, au besoin, notre nouveau parasiticide. Nous ne risquions pas grand'chose en expérimentant une médication nouvelle, puisque les médica-

tions généralement employées « sont loin d'être toujours efficaces, » suivant le langage euphémique des thérapeutistes
officiels aux abois. Notre séjour en Sologne ne devait pas être
long et nous n'avions pas grand temps à donner à la recherche
de nos sujets d'expériences. Nous trouvâmes heureusement
dans M. Ménard, cultivateur des plus distingués à Hupenau,
près Beaugency, un homme fort disposé à se prêter à des expériences qui pouvaient concourir au progrès agricole. Il n'eut
heureusement point à se repentir de ses généreuses dispositions : quatre moutons *pourris* qu'il mit à notre disposition et
auxquels furent pratiquées, le 6 mars 1870, des injections phéni-
quées (20 grammes d' au phéniquée à 1 p. 0/0) éprouvèrent dès
le lendemain une amélioration sensible que M. Ménard prit la
peine de nous confirmer par une lettre en date du 26 mars. Le
fils du docteur Pandeilé, qui voyait souvent M. Ménard et que
nous traitions pour une maladie assez rebelle, nous avait déjà
écrit de Beaugency, à la date du 12 mars, une lettre dont nous
extrayons les lignes suivantes :

« M. Ménard que j'ai vu hier vendredi est enchanté du mieux
survenu depuis dimanche dans l'état de ses moutons. Comme
je pense que vous serez heureux d'apprendre cette nouvelle, je
m'empresse de vous l'annoncer. Dès le lendemain, ainsi que
vous l'aviez prédit, une amélioration sensible s'est produite ;
aujourd'hui la rumination se fait bien ; la poche d'eau est
moins volumineuse ; l'œil est encore pâle, mais tend cependant
à se colorer ; l'état général est bien meilleur et les animaux
sont gais, etc. »

Nous ne pensons pas que de pareils résultats eussent été
obtenus ni avec le quinquina, ni avec la gentiane, la centaurée,
le fer, que conseillent les professeurs de thérapeutique, et encore qu'ils conseillent contre la pourriture, tout en déclarant
que, même à cette période, c'est surtout sur l'émigration qu'il
faut compter. Nous croyons donc que la médication phéniquée
apportera un progrès signalé dans le traitement d'une maladie qui, sans avoir l'importance du **charbon**, cause cependant à l'économie agricole un préjudice assez sérieux, qu'on
pourra éviter, en grande partie sinon entièrement, par l'application de notre méthode : injections sous-cutanées de 20 gram-

mes par mouton et quelques cuillerées du mélange glycophé-
niqué de M. Guénon dans de l'eau ordinaire.

B. — DE LA FIÈVRE TYPHOÏDE CHEZ LE CHEVAL.

Les traités de médecine vétérinaire que nous avons par-
courus ne parlent pas de la fièvre typhoïde du cheval ni même
des animaux. On pense bien que nous n'aurions pas pris sous
notre responsabilité d'introduire une maladie nouvelle dans le
cadre nosologique de la médecine comparée ; mais le diagnostic
porté, dans les cas que nous allons faire connaître sommairement, a fort heureusement une garantie plus compétente que la
nôtre, c'est celle de l'honorable M. Bouley et d'un de ses confrères,
M. Chapard, de Chantilly. Laissant donc à ces savants vétérinaires la responsabilité du diagnostic porté, nous nous occuperons surtout de l'application que nous avons été appelé à
faire, dans ces cas, de l'acide phénique et du nouveau parasiticide, et des effets qu'il est permis d'attribuer à ces agents
puissants. Nous ferons remarquer seulement que les analogies
assez grandes, entre les symptômes et les lésions de la maladie
qualifiée par MM. Bouley et Chapard de fièvre typhoïde et
ceux de la fièvre typhoïde de l'homme semblent, justifier le diagnostic de nos confrères en médecine comparée.

Le matin d'un des premiers jours d'octobre 1871, au moment
où je montais en voiture pour aller visiter mes malades,
M. Bouley vint me demander si je voulais aller avec lui à
Chantilly, faire une nouvelle application de ma méthode, dans
les circonstances suivantes :

Un des grands éleveurs du Jockey-Club, M. Delamarre, avait
vu ses écuries envahies par la fièvre typhoïde ; trois chevaux
d'un grand prix, *Clos-Vougeot*, *Boa*, *Ninive*, avaient succombé
malgré les soins les plus assidus de MM. Bouley et Chapard ;
trois autres de la même écurie avaient été atteints en Angleterre et avaient également succombé. Une autre notoriété, du
nom de *Porphyre*, venait d'être atteinte également et paraissait
devoir éprouver le même sort que les autres ; M. Bouley désirait
voir si l'application de ma médication nouvelle pourrait le
sauver. J'avais peu de chose à refuser à M. Bouley, encore

moins ce qu'il me demandait. J'allai prier un confrère de visiter mes principaux malades, je quittai tout, et je pris le train de Chantilly. Chemin faisant, nous parlâmes diagnostic, et mon savant interlocuteur me fit part de quelques doutes qu'il avait eus sur la nature de la maladie, lesquels n'étaient même pas entièrement dissipés; il n'était pas absolument convaincu que la maladie ne fût pas la *maladie de sang* ou charbon du cheval, quoique les symptômes ne fussent pas précisément ceux de cette maladie. — « Si c'est le charbon, lui dis-je, je crois pouvoir vous assurer d'avance que notre succès est certain. » — Mais il fut bien établi, plus tard, que ce n'était point le charbon ; car outre la différence de symptomatologie, M. Bouley eut recours au contrôle de l'inoculation sur le mouton, on sait que chez cet animal l'inoculation du sang charbonneux provoque presque inévitablement le sang de rate; or, l'inoculation du sang des chevaux morts à Chantilly n'eut aucun résultat.

Arrivés près du malade, nous le trouvâmes dans un état qui ne justifiait que trop les appréhensions de M. Bouley ; j'acceptai l'essai à titre d'expérience, mais sans vouloir prendre, pour une bête de cette valeur, la responsabilité d'un événement fatal. Il fut ainsi convenu, et je pratiquai à Porphyre quatre injections d'eau phéniquée à 1 p. 100, additionnée d'une faible proportion du nouveau médicament parasiticide dont il a été maintes fois question ; les injections, espacées les unes des autres de plus d'un décimètre, furent de 125 grammes chacune, en tout 500 grammes. Je prescrivis l'administration en boisson de deux litres d'eau phéniquée à 1/2 p. 100, soit dix grammes d'acide dans les 24 heures. M. Chapard s'étant chargé de continuer le traitement, je repartis pour Paris.

Dès le lendemain, je reçus la nouvelle qu'une amélioration sensible s'était déclarée. Elle se continua les jours suivants, et j'allai la constater moi-même, 3 jours après le début du traitement. Suivant la règle de ce qui se passe après la médication phéniquée, le malade entrait déjà en convalescence ; seulement trois des quatre piqûres d'injection avaient provoqué un gonflement inflammatoire, qui menaçait de se terminer par suppuration. J'appris quelques jours après que la suppuration avait eu lieu en effet, et que les abcès avaient été ouverts par M. Bouley; la cicatrisation s'en était d'ailleurs faite très-rapidement et régulièrement. Nous reviendrons, un peu plus loin, sur cette complication qui se présente parfois, chez les chevaux, autour des piqûres d'inoculation.

Porphyre n'était pas encore tout à fait guéri, que M. Bouley était rappelé à Chantilly pour un autre cheval, qui subissait à son tour les atteintes du mal. Arrivé près « du malade », en l'absence de son confrère M. Chapard, M. Bouley laissa à ce dernier l'instruction suivante : « Le cheval commence à être pris *comme les autres*. J'ai fait mettre la moutarde et on entretiendra l'engorgement avec un cataplasme à demeure.,— Donner l'essence de térébenthine à 30 grammes en 3 doses — séton sous le poitrail; demain, si le pouls est tendu comme aujourd'hui, petite saignée.

« Télégraphier des nouvelles. Je ferais venir le docteur Déclat, si la maladie avait l'air de prendre une mauvaise tournure. »

La tournure devint, en effet, si mauvaise, que le 13 octobre, à 9 heures du soir, je reçus de M. Bouley un télégramme qui m'invitait à partir immédiatement pour Chantilly, pour y traiter un cheval gravement atteint de fièvre typhoïde. Je partis aussitôt, mais le télégramme m'était arrivé trop tard, et je manquai le train du soir. Je pris celui du lendemain matin, de 7 heures 50), et je fus rendu auprès de l'animal à 9 heures, en compagnie de l'honorable M. Chapard. Voici dans quel état nous trouvâmes *le malade*, qui était un poulain bai de deux ans, moins précieux que son camarade Porphyre, mais d'une grande valeur, cependant.

Le pouls était si petit, qu'on pouvait à peine le trouver ; la respiration haletante ; la moitié du poumon droit était imperméable ; une partie du gauche l'était également, par infiltration hypostatique ; un sérum jaunâtre s'écoulait goutte à goutte par les naseaux ; la tête est basse, comme celle des bœufs atteints de typhus; l'animal essaye cependant de lui donner de temps en temps des positions qui facilitent l'entrée de l'air dans les poumons. Les muqueuses étaient cyanosées; l'animal paraissait au plus bas. — Je pratiquai immédiatement cinq injections sous-cutanées de 125 grammes d'eau phéniquée additionnée du nouveau parasiticide, et je prescrivis, pour administrer par la bouche, deux litres d'eau phéniquée à 1,2 p. 100, soit 10 grammes d'acide, M. Chapard voulut bien se charger d'appliquer la suite du traitement et de me tenir au courant des événements. Le lendemain, au soir, il me télégraphiait ce qui suit : « Cheval mieux ; coloration des muqueuses moins prononcée ; appétit. Vous attends demain. »

Connaissant l'action de mon traitement, une fois qu'une première amélioration est obtenue, et ma présence à Paris étant très-utile, je télégraphiai à M. Chapard de continuer le traitement prescrit, et le lendemain, 16 octobre, je reçus de lui une lettre datée du même jour, 10 heures du matin, ainsi conçue :

« Le poulain bai est beaucoup mieux aujourd'hui qu'hier au soir ; l'appétit augmente et la décoloration des muqueuses s'opère graduellement.

» L'animal prendra donc, suivant vos instructions, le verre d'eau blanche, cette après-midi.

» A demain d'autres nouvelles. »

Signé CHAPARD.

Le lendemain et les jours suivants, je reçus, en effet, des nouvelles de plus en plus satisfaisantes ; nous croyons inutile de les publier ; il nous suffira de citer quelques passages d'une lettre de l'honorable vétérinaire de Chantilly, transmettant, en les résumant, à son maître, M. Bouley, ses impressions sur les résultats des expériences auxquelles il avait pris part :

« Le poulain bai de deux ans affecté de fièvre typhoïde, que nous avons soumis au traitement de M. le docteur Déclat, dans l'état fort grave de cyanose prononcée......... est *parfaitement guéri*. Je dois vous dire, très-honoré maître, combien j'ai été frappé de *la rapidité* avec laquelle l'amélioration s'est produite sur le sujet soumis à cette médication. » M. Chapard donne ici la marche progressivement rapide de l'amélioration observée sur le poulain bai, puis il ajoute :

« Le cheval bai brun âgé de 4 ans, nommé Porphyre, est également aujourd'hui en très-bonne santé .

« J'ai reconnu, très-honoré maître, votre génie médical, dans l'inspiration que vous avez eue de laisser tenter cette nouvelle médication sur des chevaux de course d'une aussi grande valeur que nos consultants, alors que tant de chercheurs se présentent à nous pour appliquer les panacées rêvées par leur cerveau en ébullition..... »

M. Chapard avait renfermé sa lettre à M. Bouley dans un pli qu'il m'avait adressé à moi-même, avec prière de la faire parvenir à son adresse (1) ; en l'envoyant à M. Bouley, je l'accompagnai des mots suivants: « J'espère, cher maître, qu'en voyant la confirmation de ces guérisons, vous serez convaincu que j'ai découvert un moyen *plus puissant* que ceux dont dispose actuellement la thérapeutique.

» Je me tiens toujours à votre disposition, pour les expériences que vous voudrez tenter, afin d'arriver à une conviction pareille à celle de votre bien sympathiquement dévoué,

» DÉCLAT. »

M. Bouley, qui m'avait vu quitter avec empressement mes affaires pour aller faire à Chantilly des expériences fort onéreuses pour moi, ne doutait sans doute pas de ma bonne volonté à les continuer, car il n'avait pas encore reçu la lettre où je me mettais à sa disposition qu'il m'adressait le mot suivant, à la date du 19 octobre 1871 :

« Mon cher Docteur,

» Voici une belle occasion de faire l'essai de votre traitement. La peste chevaline est dans la cavalerie du chemin de fer d'Orléans, dont M. Vatel est vétérinaire.

» Voulez-vous venir me prendre demain chez moi à neuf heures et demie ? Nous serons à dix heures à l'endroit voulu pour expérimenter.

» Votre bien dévoué ,

» BOULEY. »

« Quid, à Chantilly ? Je n'ai pas de nouvelles depuis dimanche. »

(1) Dans une lettre postérieure M. Chapard m'écrivait : « L'écurie comprend de 20 à 30 chevaux, tous ou presque tous ont subi l'influence du génie épizootique ; *c'est certainement aux soins prophylactiques*, boissons et lavages phéniqués, que nous devons d'avoir pu échapper aux rigueurs de ce mal. »

On sait ce qui était advenu à Chantilly; voici ce qui advint à la gare d'Orléans.

Le 20, je me rendis à la gare d'Orléans où je trouvai MM. Bouley et Vatel et M. le chef d'exploitation de la compagnie. Là, j'appris que la même maladie que nous avions observée à Chantilly régnait en effet dans les écuries de la compagnie, et qu'elle y avait malheureusement les mêmes conséquences, c'est-à-dire que presque tous les chevaux atteints succombaient. La forte race percheronne résistait cependant un peu plus longtemps à l'épidémie typhoïque que la fine race des pur sang, et de plus, elle offrait assez souvent une complication que nous n'avions pas observée à Chantilly, la gangrène du poumon.

Deux chevaux, gravement atteints et arrivés à une période avancée de la maladie, furent immédiatement mis en expérience : je fis à chacun quatre injections sous-cutanées de 125 grammes avec de l'eau phéniquée à 1 p. 100, additionnée du nouveau médicament.

Un des chevaux se trouva si bien, au bout d'une demi-heure, que l'amélioration surprit tout le monde ; cet animal, tout à l'heure morne, abattu, étranger à tout ce qui se passait autour de lui, se met à chercher du fourrage comme pour manger. M. Bouley, attentif et charmé à la vue d'un pareil changement, s'assit sur la planche de séparation des box, prit du foin dans sa main et en donna à l'animal; je m'étais absenté quelques instants, et je trouvai dans cette position l'honorable académicien, ce dont je lui fis mon compliment. — L'amélioration fut moins marquée sur le deuxième cheval.

Le lendemain, 21, le premier cheval était non-seulement sauvé, mais encore dans un état bien meilleur que ceux qui, par hasard, échappent spontanément à la maladie, surtout après un état aussi grave, ce qui d'ailleurs ne se voit guère, mais se voit néanmoins quelquefois. Quelques-unes de mes notes étant égarées, je ne puis dire comment se termina la maladie du deuxième cheval (1), et qu'il complétement ce qui arriva sur quelques autres.

(1) Il me semble cependant que cet animal guérit aussi, mais plus difficilement.

A défaut de notes, mes souvenirs me rappellent que deux autres chevaux furent mis en expérience le 21, l'un au début de la maladie, l'autre, dans un état si grave, qu'il pouvait à peine se tenir et qu'on eut beaucoup de peine à l'amener près du jour, pour qu'on pût voir clair à faire les injections ; la maladie avait en outre causé la cécité ; la verge était pendante et comme un corps étranger, doublée de volume ; on mit un fourreau à l'animal comme, du reste, à beaucoup d'autres. Ne désespérant pas de triompher, même d'un état aussi grave, je pratiquai à ce dernier animal huit injections ; il fut pris presque aussitôt de symptômes d'asphyxie et d'un tremblement extraordinaire tellement violent, que nous crûmes qu'il allait succomber ; nous diagnostiquâmes une embolie ; il se remit cependant, mais succomba, ainsi que beaucoup d'autres non traités, à une gangrène de poumon.

Sur le cheval traité au début (n° 858), je pratiquai six injections ; il éprouva quelques phénomènes analogues à ceux du précédent, qui se dissipèrent également : mais il fut pris de pleurésie et d'une embolie dans le gros vaisseau de la cuisse droite, et finalement il succomba d'une manière même plus rapide qu'un cheval non traité, et que trois de ses voisins, traités par différentes méthodes (saignées, térébenthine, etc.), que nous avions mis en expérience comparative, et dont deux échappèrent, paraît-il, à la mort ; après cet échec, nous cessâmes nos expériences, auxquelles M. le chef d'exploitation ne paraissait pas très-sympathique, fâcheusement impressionné peut-être par un échec dont on ne pouvait donner encore une explication absolument certaine.

Nous devions faire avec M. Vatel quelques autopsies de chevaux, notamment celle du n° 858, sur lequel nous avions observé des symptômes d'embolie ; par suite probablement de quelques malentendus, M. Vatel fit seul cette dernière et une ou deux autres, et voici quelles furent ses constatations, d'après une note que je pris dans une conversation que nous eûmes à ce sujet!

Dans les points où avaient été faites les injections sous-cutanées, il existait des infiltrations de matière gélatineuse, jaunâtre, semi-transparente ; les vaisseaux capillaires qui traversaient ces collections contenaient des caillots qui se pro-

longeaient jusque dans des vaisseaux un peu plus gros; ces
caillots avaient une teinte noirâtre foncée ; les injections pratiquées sous le ventre avaient causé un épanchement qui avait
décollé la peau du fourreau , et les caillots remplissaient les
vaisseaux dans une longueur de 15 à 20 centimètres ; on aurait
dit d'une préparation anatomique, avec injection des vaisseaux à la cire noire. L'état des tissus autour des piqûres
d'injection donne à M. Vatel l'idée que le liquide injecté a
pu ne pas être absorbé et être resté dans le tissu conjonctif
environnant les piqûres. Un caillot obture le quart du calibre
de la veine pulmonaire ; il a la couleur et à peu près exactement la consistance des épanchements séreux qui entourent les
piqûres d'injection ; mêmes caractères d'un caillot renfermé
dans l'oreillette gauche. — Le poumon gauche était gorgé de
sang avec plaques noires ou foyers ecchymotiques, qui paraissaient être le point de départ des gangrènes pulmonaires
observées sur plusieurs chevaux morts de la même maladie
que le n° 858. Ces points ou épanchements ecchymotiques
existent dans plusieurs muscles· et jusque dans le tissu même
du cœur. — Dans son ensemble, le sang du cheval n° 858 a
paru à M. Vatel plus noir que celui des autres chevaux qui
ont succombé à la même maladie que lui. Quant aux foyers
d'épanchement qui entourent les piqûres d'injection, M. Vatel
les compare à ce qu'on a appelé à tort, dit-il, les foyers purulents du charbon ou abcès charbonneux , puisque dans ces
prétendus abcès, il n'y a pas de pus. Dans cette maladie, il y
a des épanchements ecchymotiques et d'autres, ecchymo-géla-
tineux dans les muscles, voire même le cœur.

Dans une maladie qualifiée de fièvre typhoïde, il était intéressant de constater les lésions qui pouvaient exister dans le
canal intestinal, spécialement dans l'intestin grêle. Ces lésions,
nous devons le dire, ne rappelaient que très-imparfaitement
celles qui caractérisent la fièvre typhoïde de l'homme, ce qui
a fait à dire M. Signol, qui a publié, dans le *Recueil de médecine
vétérinaire*, un travail intéressant sur cette affection , que si
l'on ne considère que les symptômes, le rapprochement entre
la maladie du cheval et celle de l'homme est justifié, mais que
s'il est nécessaire, pour constituer une fièvre typhoïde, que

les glandes de Peyer soient spécialement altérées, « toute comparaison doit disparaître. » L'honorable vétérinaire a peut-être forcé un peu les différences. Les glandes de Peyer paraissent bien, en effet, n'être point spécialement atteintes chez le cheval dans la maladie dont nous nous occupons, mais tout l'intestin, et spécialement l'intestin grêle, est fortement congestionné ; par places, la congestion est remplacée par de petites stases sanguines qui semblent dues à une extravasation du fluide sanguin, et où s'observent, parfois, de petites plaques gangréneuses ; c'est la répétition des lésions semblables qu'on observe dans les poumons et dans les muscles ; dans d'au res places, on voit de petites ulcérations disposées par groupes de trois, quatre ou cinq centimètres de diamètre ; chaque petite ulcération a de deux à six ou sept millimètres de diamètre ; elles paraissent formées comme par un enlèvement de la muqueuse à l'aide d'un emporte-pièce. Ces groupes, dont M. Signol nous a fait voir un intéressant échantillon sur une pièce qu'il conserve, ne siégent pas, il est vrai, sur les glandes de Peyer ; mais il y a quelque analogie, quant à l'aspect, entre l'altération des glandes et ces groupes ulcérés qui pourraient bien avoir pour siége des follicules isolés. Ce siége, s'il était bien constaté, établirait évidemment une analogie anatomique entre la fièvre typhoïde de l'homme et la maladie ainsi désignée, chez les chevaux, par MM. Bouley, Chapard, etc. C'est un objet de recherche de plus que nous signalons à nos confrères en médecine comparée.

Quelques remarques sont nécessaires sur les lésions anatomiques, constatées par M. Vatel.

Nous ferons observer, d'abord, qu'il n'est pas impossible que l'observation de l'honorable vétérinaire sur la non-absorption du médicament injecté soit en partie fondée ; je ne crois pas, cependant, que tout le médicament injecté ait été complétement inabsorbé ou plutôt, j'en ai la certitude, car c'est certainement à lui qu'il faut attribuer la dureté des caillots, constatée non-seulement autour des piqûres d'injection, mais aussi dans des vaisseaux qui en étaient très-éloignés ; je serais disposé à attribuer également au médicament la coloration plus foncée du sang, que M. Vatel a cru remarquer.

C'est, en effet, une des actions les plus marquées du médicament nouveau que son action coagulante, et c'est à elle, suivant toute probabilité, que je dois l'insuccès que j'ai éprouvé à la gare d'Orléans, insuccès qui rappelle celui que j'essuyai sur les moutons du fermier Rougeoreille (voir ci-dessus, article *Sang de rate*). La conséquence pratique à tirer de cet insuccès et des constatations faites par M. Vatel, c'est qu'il faut, dans les cas graves, où la dose du médicament doit être, relativement, assez élevée, l'employer assez étendu d'eau, et faire des injections multiples, de manière à ne pas injecter une trop grande quantité de liquide à la même place. J'avais pris ces précautions pour les chevaux fins et de grande valeur traités à Chantilly, et cependant, Porphyre eut plusieurs petits abcès autour des piqûres, mais qui n'eurent aucune suite grave. Je crus pouvoir me dispenser d'user des mêmes précautions avec les gros colosses de la compagnie d'Orléans ; l'événement me prouva qu'elles sont indispensables chez tous les animaux, mais surtout chez le cheval, le plus disposé de tous, comme on sait, à faire du pus. Chez tous, mais surtout chez le cheval, une dose insuffisante laisse vivre trop de ferments et ne guérit pas ; une dose trop forte tue les parasites et l'animal lui-même. Je ne suis donc pas encore fixé exactement sur les doses et le mode d'administration à adopter pour les chevaux ; c'est aux vétérinaires de progrès à m'aider dans cette recherche importante, car j'ai l'espoir qu'on devra obtenir sur la plupart des chevaux typhoïques, les succès que j'ai obtenus à Chantilly. Après avoir rapporté les nouveaux succès obtenus par M. Chappard, je dirai comment il convient, selon moi, de procéder, dans l'état actuel de la science.

Mais avant de quitter l'autopsie de M. Vatel et la réflexion qu'il fait sur les foyers gangréneux des poumons, nous ferons observer que rien de pareil n'a été observé sur les chevaux qui avaient péri à Chantilly, avant nos expériences. Cependant, M. Bouley a bien jugé que c'est la même maladie qui a sévi à Chantilly et à la gare d'Orléans. Il y a bien eu, à Chantilly, des engorgements séro-sanguinolents des poumons, c'est-à-dire des infiltrations hypostatiques, ainsi que cela s'observe si fréquemment dans la fièvre typhoïde de l'homme, mais jamais de gangrène. Sont-ce là des particularités locales, ou dépendant du degré d'énergie des ferments? C'est une question à étudier. Ce que nous devons dire, c'est qu'il nous a paru aussi, comme à M. Bouley, que c'est bien la même maladie que nous avons traitée à Chantilly et à Paris.

L'honorable vétérinaire qui avait assisté avec M. Bouley et moi aux expériences de Chantilly, m'avait promis de saisir les occasions qui se présenteraient d'appliquer ma nouvelle médication ; on a déjà vu à l'article *Morve* qu'il a tenu parole ; mais ses observations de morve ne sont ni les plus nombreuses ni les plus décisives ; nous allons en résumer, d'après une note qu'il a bien voulu nous transmettre, un grand nombre d'autres qui présentent un haut intérêt.

Le 1er mars 1872, M. Chappard fut appelé par MM. Poiret, frères et neveu, filateurs à Saint-Épin (Oise). Il constata que leur écurie était atteinte de la même maladie qui avait atteint, cinq mois auparavant, celle de M. Delamarre, à Chantilly. La maladie offrait, chez tous les sujets, la forme pulmonaire, c'est-à-dire qu'à partir du deuxième ou du troisième jour, les poumons étaient hypostatiquement engoués dans une assez grande étendue. Malgré la séparation des sujets, les lazarets, la désinfection des bâtiments et « toutes les précautions d'usage, » 35 chevaux sur 45 tombèrent successivement malades dans l'espace d'un mois ; seulement, les derniers atteints le furent moins gravement. Sauf l'habitat, les conditions hygiéniques dans lesquelles se trouvaient les animaux étaient très-variées, les uns faisant de rudes travaux de terrassement ou de transport des charbons ; les autres, le service régulier de l'usine ; d'autres, enfin, jeunes élèves ou vieux chevaux fatigués, prenaient du repos tout le jour dans la prairie.

Les symptômes furent, comme chez ceux de Chantilly, inappétence d'abord ; pouls rapide, peu fort, puis faible ; tremblements partiels des masses musculaires ; marche titubante ; parfois chutes violentes sur le sol, quand il y a congestion au cerveau, ce qui a lieu chez plusieurs ; muqueuses injectées, avec pétéchies, et souvent coloration ictérique très-caractérisée ; plus tard, plaintes, engouement, puis hépatisation hypostatique d'un ou des deux poumons, accompagnée d'un jetage qui a rarement la coloration rouillée caractéristique des pneumonies franches. Crottins coiffés dans les premiers jours, puis diffluents, mais peu abondants.

Devant cet ensemble de symptômes, le pronostic porté fut nécessairement grave.

Voici le traitement qu'adopta M. Chappard :

Déplétions sanguines dans les premiers jours, et vésicatoires sur et sous la poitrine ;

Injections sous-cutanées de trois décilitres d'eau phéniquée tous les deux jours ;

Breuvages phéniqués, 2 verres chaque jour ;

Lavements phéniqués, tous les jours ;

Opiats au quinquina et à l'essence de térébenthine.

Sur les 35 chevaux atteints, 30 seulement atteints gravement subirent ce traitement sérieux, les autres n'étant affectés que légèrement ; 3 moururent, 27 guérirent ; c'est une proportion des plus satisfaisantes, dans une épidémie ou du moins dans une endémie aussi grave, et qu'on n'aurait certainement pas obtenue sans l'emploi de l'acide phénique.

Deux mois après la petite épidémie de l'usine de Saint-Épin, la même maladie se déclara dans les écuries de M. le baron Seillière, dont le château est situé à 4 kilomètres de l'usine. Huit chevaux furent atteints, dans l'espace de six semaines ; ils offrirent les mêmes symptômes que ceux de l'usine et de Chantilly, et furent traités de même ; M. Chappard obtint huit guérisons.

Ainsi, l'honorable vétérinaire qui, avant le traitement de Porphyre, avait vu mourir, dans les écuries de M. Delamarre, tous les animaux atteints de fièvre typhoïde, n'en perd que 3 sur 38 ; c'est un résultat dont la meilleure des médications anciennes se glorifierait à juste titre ; et cependant nous croyons que ce ne sera pas le dernier mot de la médication nouvelle, quand les vétérinaires se seront donné la peine de l'expérimenter et de l'étudier avec soin. Les beaux résultats, obtenus par M. Chapard, tiennent-ils à ce qu'il injecté l'acide phénique seul ? cela me paraît très-possible. Ainsi que nous l'avons dit, le cheval est très-disposé aux *coagulum* et à la suppuration ; il se pourrait donc que le nouveau médicament ne puisse être que difficilement supporté par cet animal, ou que les doses à administrer exigent de nouvelles études.

Dans l'état actuel de la science, nous croyons que la médication devra être appliquée de la manière suivante :

On administrera chaque jour, par la bouche, de 6 à 10 ou peut-être 12 grammes, suivant la force des animaux, d'acide phénique dissous dans au moins deux litres d'eau, et même deux litres et demi, dans le cas où l'on prescrirait la dose de 12 grammes, ou mieux la nouvelle préparation glycéro-phéniquée d'acide phénique et de glycérine que M. Guénon, pharmacien, rue de la Coutellerie, 2, tient toute prête à être expédiée.— On pratiquera de 5 à 6 injections sous-cutanées, de 100 grammes d'eau phéniquée à 2 p. 100 chacune, en espaçant les piqûres l'une de l'autre d'au moins dix centimètres; plus elles seront espacées, mieux cela vaudra. Seulement, il faudra choisir la région de l'animal où une incision aurait le moins d'inconvénient, dans le cas où la formation d'un abcès la rendrait nécessaire. Mais cette nécessité ne se présentera probablement plus, si l'on se contente d'injecter l'acide phénique seul, qui a suffi à M. Chapard.

Quoi qu'il en soit, les doses que nous venons d'indiquer devront être réduites dès qu'une amélioration se sera déclarée, et quand cette amélioration sera assez prononcée pour permettre de prévoir une guérison, on suspendra les injections pour s'en tenir aux breuvages glycophéniqués. La convalescence, ainsi que nous l'avons répété plusieurs fois, marchant très-vite, à la suite du traitement phéniqué, les breuvages eux-mêmes pourront être supprimés, dès qu'elle sera franchement déclarée.

ART.   . — DU CRAPAUD OU PIÉTIN.

Nous empiétons encore ici sur le domaine de nos confrères en médecine comparée; mais cette fois, ce n'est pas pour l'avoir cherché ; c'est parce que nous ne pouvons laisser sciemment passer inaperçue aucune application thérapeutique utile du produit qui a fait l'objet de nos études spéciales , et aussi parce que les recherches microscopiques d'un honorable vétérinaire, M. Méguin, ont constaté dans le crapaud l'existence d'un parasite végétal qui paraît être au moins une complication de la maladie, s'il n'en est pas la cause. Ce parasite végétal appartiendrait, d'après M. Méguin, au genre trychophyton, et même, paraîtrait-il, à l'espèce que M. Bazin a constatée chez l'homme. Ce fait, qui ne nous semble pas, du reste, tout à fait établi, serait d'autant plus remarquable que le trychophyton, qui se borne chez l'homme à attaquer les cheveux, attaquerait, chez le cheval, le mulet et l'âne, les tissus vivants.

Quoi qu'il en soit, M. Méguin, qui a découvert le parasite, n'a pas songé, comme on aurait pu s'y attendre, à lui opposer le parasiticide par excellence, l'acide phénique ; c'est M. Guerrapain, vétérinaire à Bar sur Aube, qui aurait eu la pensée de substituer à ce produit, à composition variable, son composant le plus actif. Le sujet traité par M. Guerrapain était un cheval atteint du crapaud à divers degrés aux quatre pieds. M. Guerrapain employa, d'abord, le perchlorure de fer préconisé par son confrère et ami M. Méguin ; il n'en obtint rien de bon ; il lui associa ensuite les badigeonnages avec le coaltar dit saponiné, à l'exemple de son maître M. Bouley, et n'en obtint pas beaucoup mieux : « Fatigué, dit l'auteur, d'attendre un meilleur résultat, et un peu confus vis-à-vis de mon client, à qui j'avais promis une prompte guérison, je songeai à l'acide phénique, l'*Attila des microphytes*. Le 26 novembre » — (les autres traitements avaient duré depuis le 18 septembre), les surfaces malades étant bien dégagées et nettoyées, je les imprégnai aussi profondément que possible d'acide phénique liquide pur ; après cinq minutes, cette première couche étant un peu séchée, je fis une seconde application du même acide, et par-dessus le tout un badigeonnage général avec le coaltar : Je recommandai au propriétaire de recommencer tous les jours ce dernier.

» Le 3 décembre, une couche de corne nouvelle homogène et bien adhérente recouvrait presque toutes les surfaces malades ; sept jours après, le crapaud était réduit au tiers ou au au quart de ses proportions. J'appliquai encore une couche d'acide sur la partie qui restait malade, et un badigeonnage au coaltar; le cheval partit et je n'en entendis plus parler. » C'est sans doute par respect pour son maître M. Bouley que M. Guerrapain a appliqué le coaltar sur des surfaces déjà tannées par l'acide phénique pur; il est évident que le coaltar ne pouvait plus exercer la moindre action sur ces surfaces, et qu'aucune part de la guérison ne saurait lui être attribuée, même si, pendant un mois auparavant, il n'avait montré son impuissance. Quoique le crapaud ne soit pas une maladie incurable, il est peu habituel qu'il guérisse aussi promptement, quand il est arrivé au développement où il était sur deux, mais surtout sur un des pieds postérieurs du cheval traité par M. Guerrapain. Ce fait mérite donc toute l'attention des vétérinaires.

Le piétin ou fourchet n'est que le crapaud des moutons. On le traite par les mêmes moyens que le crapaud des chevaux; il paraissait présumable que l'acide phénique produirait les mêmes effets dans l'un et dans l'autre. L'expérience en aurait été faite en Angleterre. Le mode d'emploi de l'acide aurait consisté à bien nettoyer les pieds attaqués, puis à les frotter avec une brosse enduite d'acide phénique pur. Une seule application aurait suffi pour déterminer la guérison. Un moyen simple de prophylaxie serait de faire passer tous les moutons menacés dans une auge remplie d'eau phéniquée à 3 p. 0.0.

Crevasses (voyez gerçures).

ART.   . — DES EAUX AUX JAMBES.

C'est encore à M. Guerrapain qu'on devra la guérison de cette maladie rebelle par l'acide phénique, si les deux succès qu'il a obtenus se multiplient, ce qu'on doit espérer si l'on songe que de l'aveu de tous les vétérinaires, les eaux aux jambes sont une maladie qu'on soulage quelquefois, mais qu'on guérit bien rarement, quand elle est arrivée à une certaine période. Et cependant il faut remarquer que parmi les traitements conseillés contre cette rebelle affection, — comme, du reste, contre le crapaud, — se trouvent le goudron et divers produits pyrogénés. Nouvelle preuve qu'entre ces produits et l'acide phénique, il y a une distance énorme, sous le rapport de l'action thérapeutique. Le procédé d'administration adopté par M. Guerrapain est d'appliquer avec le doigt un mélange intime de savon vert et d'acide phénique, un quart ou un tiers de ce dernier pour deux tiers ou trois quarts du premier. Après un intervalle de 12 à 20 heures, on fait laver à grande eau toute la surface enduite, et quelques jours après on recommence l'application si la première n'a pas suffi. Dans les deux seuls cas traités, la guérison a été prompte et, paraît-il, définitive.

Nous pensons que des lotions ou mieux des badigeonnages au pinceau avec notre solution normale d'acide phénique et une boisson de la solution glycophénique (un flacon pour 9 litres et demi d'eau), un litre par jour, constitueraient un traitement plus rapide et plus efficace.

<h3 style="text-align:center">ART.   . — DU MAL DE GARROT.</h3>

C'est encore en rapportant les travaux des autres que nous allons mettre ici un pied dans la médecine vétérinaire, car, personnellement, nous n'avons point eu l'occasion d'observer le mal de garrot. D'après M. Lemaire, M. Bouley aurait obtenu d'excellents résultats du coaltar dit saponiné dans le traitement du mal de garrot; c'est pourquoi M. Lemaire lui-même a traité un de ses chevaux atteint de la même malad e..... par l'acide phénique. C'est assez la logique de M. Lemaire, logique qui s'explique du reste par ce fait, que, lorsqu'il a conseillé à M. Bouley d'employer le coaltar, je n'avais pas introduit l'acide phénique dans la thérapeutique, tandis qu'il en était autrement quand M. Lemaire a traité, deux fois, son cheval. Les deux fois l'animal avait, dit M. Lemaire, une tumeur grosse comme le poing, surmontée d'une ulcération de trois à quatre centimètres d'étendue, d'où s'échappait une humeur sanguinolente et fétide. Il fit laver la plaie trois fois par jour avec de l'eau phéniquée au centième, et au bout de huit jours l'animal était guéri.

Un ami de M. Lemaire, M. Lucien Biard, a employé aussi,

au Mexique, l'acide phénique contre le même mal, et rend compte ainsi de ses constatations.

« J'essayai pour la première fois l'acide phénique sur une mule appartenant à M. le commandant d'infanterie de marine Campion. Cette mule, réformée par le vétérinaire, avait au garrot une énorme plaie où les vers grouillaient. Quelques minutes après la première application d'acide dilué (à 4. p 100), tous les vers disparurent. En douze jours, la plaie se cicatrisa complétement, et l'animal put supporter les fatigues de la campagne de Puebla. »

Ce mal serait donc des plus faciles à guérir par ce puissant médicament qui a nom : *acide phénique.*

Au moment de mettre sous presse, un ami anonyme nous adresse par la poste un fragment de journal où se trouve le passage suivant que nous reproduisons ici sans commentaires :

« M. Bouley vient d'informer l'Académie qu'une épidémie de *cocotte* sévit sur les bœufs et vaches de la Nièvre. Dans sa dissertation, le savant académicien n'a oublié qu'une chose : le traitement curatif. Ce traitement existe pourtant expérimentalement et officiellement démontré. Pourquoi M. Bouley ne l'at-il pas mentionné? Serait-ce parce que ce traitement consiste dans des applications d'acide phénique et qu'il a été imaginé par le docteur Déclat dont personne, cette fois, ne peut usurper les droits? »

Nous nous réservons d'insérer dans une publication prochaine, VIE ET MORT DU DERNIER DUC DE GRAMONT, un chapitre intitulé : Des devoirs et de l'honorabilité dits professionnels; nous aurons à y traiter ce sujet et bien d'autres avec des documents qui ne manqueront pas d'intérêt. Mais nous ne pouvons ici que mentionner l'observation de notre sagace correspondant.   D.

---

f..

Nota.

Cette brochure, comme la précédente, ayant pour titre : Curation des maladies de la peau et plus spécialement des dartres,
et comme les brochures qui suivront celle-ci, seront contenues
en entier dans la 2e édition de notre livre ayant pour titre :
Nouvelles applications de l'acide phénique à la médecine et
à la chirurgie, et qui paraîtra prochainement. Prix par la
poste : 6 fr.

TABLE DES MATIÈRES

Voici la table des sujets étudiés dans notre traité des *nouvelles appli-cations médicales* de l'acide phénique, que nous avons annoncées dans notre *avant-propos*, et dont cette brochure n'est qu'un extrait.

Voir plus loin la table analytique de ce petit livre.

TABLE ALPHABÉTIQUE

DES MATIÈRES ÉTUDIÉES DANS LE TRAITÉ DES NOUVELLES APPLICATIONS MÉDICALES DE L'ACIDE PHÉNIQUE.

f...

TABLE ANALYTIQUE

DES ARTICLES RELATIFS A QUELQUES MALADIES GRAVES DES ANIMAUX

Extraits du livre sur les nouvelles applications médicales de l'acide phénique (2e édition, un fort vol. grand in-18, Paris, librairie Lemerre, 27, passage Choiseul, et chez Delahaye, place de l'École-de-Médecine). Prix, par la poste : 6 fr.
Chaque partie séparée. Prix, par la poste : 2 fr.

MALADIES DONT LE PARASITISME EST TRÈS-PROBABLE
OU EN PARTIE DÉMONTRÉ.

RÉSUMÉ.

ARTICLE II. — DE LA CLAVELÉE.

FIN DE LA TABLE.

Imprimerie L. Toinon et Cie, à Saint-Germain.

Les produits à l'acide phénique du docteur Déclat sont préparés et se trouvent chez M. Guénon, 2, rue de la Coutellerie, à Paris.